棉花集中成熟轻简栽培100题

陈常兵　董合忠　李雪源　柯兴盛 等　编著

U0380928

中国农业出版社

北京

编 委 会

参编人员 （按姓氏笔画为序）

王云鹏　全国农业技术推广服务中心

白　岩　全国农业技术推广服务中心

白志刚　江西省棉花研究所

刘　帅　江西省棉花研究所

李　晴　全国农业技术推广服务中心

迟宝杰　山东农业工程学院

张力科　全国农业技术推广服务中心

张冬梅　山东省农业科学院经济作物研究所

张丽娟　江西省棉花研究所

陈志群　全国农业技术推广服务中心

陈俊英　江西省棉花研究所

周静远　山东省农业科学院经济作物研究所

郑巨云　新疆农业科学院经济作物研究所

战丽杰　山东省农业科学院经济作物研究所

耿　军　山东省淄博市农业科学研究院

聂军军　山东省农业科学院经济作物研究所

龚照龙　新疆农业科学院经济作物研究所

崔正鹏　山东省农业科学院经济作物研究所

梁亚军　新疆农业科学院经济作物研究所

前 言 Preface

　　棉花是我国重要经济作物和纺织工业原料，不仅关系到棉花主产区农民收入的增加，也关系到棉纺织产业和地方经济的发展。促进棉花生产稳定发展，是保障我国棉花供给安全，推动棉纺织产业健康发展的关键。进入 21 世纪，随着经济社会发展和农业农村形势不断调整变化，我国棉花生产逐步由精耕细作向简化栽培转变，改繁杂为轻简，改高投入高产出为节本高效，改劳动密集型为技术产业型，这种生产方式的转变是新时期我国棉花高质量发展的必由之路。在转变过程中也存在一些思想认识方面的误区：在机械化方面，将轻简化等同于机械化，盲目地用机械代替人工，农机农艺融合不够，虽然机械化程度有所提高，但没有达到节本增产、提质增效的目的；在轻简化方面，把轻简高效植棉与粗放耕作栽培混为一谈，虽然减少了棉花用工，但产量和品质严重下降，没有实现轻简高效的目的；在实际应用方面，基层技术人员和农民对棉花轻简高效栽培技术了解和认识不够，轻便简捷的棉花生产技术没有全面推广普及，没有大范围实现"快乐植棉"的目的。因此，大力宣传、培训、示范推广棉花轻简高效栽培技术，使基层技术人员和棉农全面了解和掌握技术要点，对于促进我国棉花生产方式根本转变、推动棉花高质量发展具有十分重要的意义。

棉花轻简栽培是指简化管理工序、减少作业次数，农机农艺融合，实现棉花生产轻便简捷、节本增效、绿色发展的栽培方法。为促进我国棉化生产提质增效和绿色发展，践行"轻简植棉、绿色植棉"理念，自2011年以来，农业农村部组织全国农业技术推广系统和主要棉花科研力量，先后实施"棉花轻简育苗移栽技术示范""棉花轻简栽培技术示范"和"棉花提质增效技术示范"等项目，在精量播种、简化管理、绿色植保、集中采收等关键技术研发等方面取得了一系列重要进展和突破，形成了推广价值高、操作性强、普适性好的以集中成熟为核心的棉花轻简高效栽培技术模式，为促进我国棉花生产从传统劳动密集型向现代技术产业型的转变提供了新技术、新方法、新思路。

集中成熟是棉花轻简栽培的核心，是机械采收的前提，是指整株棉花或整块棉田集中在一个较短的时间段内成熟吐絮的现象。集中成熟栽培则是指实现棉花优化成铃、集中成熟的栽培管理技术与方法。棉花集中成熟轻简栽培则是指简化管理工序、减少作业次数，良种良法配套、农机农艺融合，实现棉花种管收轻便简捷、节本增效、绿色可持续的耕作栽培模式和技术方法。为进一步加快推广普及步伐，中国农业技术推广协会经济作物技术分会会同全国农业技术推广服务中心、山东省农业科学院等单位组织编写了《棉花集中成熟轻简栽培100题》一书，以问答的形式分棉区对棉花集中成熟轻简栽培模式和技术作了详细介绍。全书结构完整、内容丰富、时效性和实用性强，适于农业科技工作者和植棉农民阅读参考。由于各地气候、土壤、水质、品种存在差异，本书列举的施肥、用药方案仅供参考，具体使用方案可咨询当地农技部门。

参与本书编写的作者都是国内从事棉花科研和技术推广的专家、学者。本书的编写出版得到国家重点研发计划（2020YFD1001006）、国家现代农业产业技术体系、山东省农业科学院科技创新工程等项目的支持。本书参考和部分采用了新疆、河北、山东、湖北、湖南、江西、安徽等地在轻简栽培技术示范推广过程中积累的技术资料，得到相关单位和个人的大力支持。在此，一并表示衷心感谢。

由于水平有限，书中难免有疏漏甚至不妥之处，恳请广大读者批评指正。

编著者

2022 年 4 月

目 录
Contents

第二章 棉花集中成熟轻简栽培共性关键技术

第四章　长江流域棉花集中成熟轻简栽培问答

第五章　黄河流域棉花集中成熟轻简栽培问答

第一章
棉花集中成熟轻简栽培基本知识

　　本章通过20个问答介绍了棉花轻简栽培的重要基本知识和概念，包括棉花在全球和中国的分布、世界和中国的植棉简史及棉花生长发育和需水需肥规律等。了解这些基本知识和概念，是掌握和应用棉花轻简栽培技术的基础与保障。

1. 全球棉花分布和生产情况如何？

　　棉花是世界性的大宗经济作物。全世界47°N—32°S的地区均有棉花种植。20世纪50年代以来，世界年均植棉面积大致在3 200万hm²，多分布在暖温带（温带的温暖地区）、亚热带和热带。按纬度和棉花收花期，可分为三个植棉带：一是北带（20°N—47°N），收花期为9月至12月，包括亚洲大部、北美洲南部、非洲北部和欧洲局部地区，棉田面积约占世界棉田总面积的80%；二是中带（0°—20°N），收花期为1月至4月，包括中美洲、南美洲北部、亚洲南部及东南部和非洲中部，面积约占8%；三是南带（0°—32°S），收花期为5月至8月，包括南美洲大部、非洲中南部和大洋洲，面积约占12%。

　　全球有棉花产量记录的国家和经济体80多个。亚洲的棉花产量最多，占全球的70%以上，主产棉国有中国、印度、巴基斯坦、乌兹别克斯坦和土耳其，这些国家产量约占全球的一半；北美洲和南美洲的产量接近全球的20%，主产棉国有美国、墨西哥、巴西、阿根廷等；非洲的棉花产量占全球的7%左右，其中最大产棉国当属北非的埃及，但各国的产量都不大；欧洲的棉花产量不足全球的3%，最大的产棉国为希腊。

年产100万t皮棉以上的国家有印度、中国、美国（图1-1）、巴西、巴基斯坦；70万t的有乌兹别克斯坦和土耳其；澳大利亚常年的棉花产量超过50万t（图1-2）。这8个国家合计产量占皮棉总产量的85%以上。

图1-1　美国棉花（行距大、脱叶效果好）

图1-2　澳大利亚高产棉田（2 250kg/hm²）

20世纪以来，由于单产和面积不断增加，世界棉花产量逐步增长。美国、中国、前苏联、印度、巴西和巴基斯坦成为全球主要棉花生产国家。按现有可比年份资料计算，自1919年以来，美国、中国、前苏联、印度4个国家轮番成为总产全球第一的国家，其中美国保持全球总产第一的位置近60年，主要是在1980年以前，历史上最高总产达到520万t。苏联自1981年以后成为全球第一产棉大国，最高总产达到510万t。中国于1966年首次成为全球总产第一的国家，但2年后就让位于美国，不过1983年再次占据全球总产第一大国位置，最高年总产达到800万t。印度在2014年以后超越中国成为全球最大的产棉国，2018年和2019年的棉花年产量均超过600万t。

2. 中国棉花主要产区和生产情况怎样？

我国宜棉区域广阔，大致为18°N—46°N、73°E—125°E。也就是东起台湾、吉林东南部和长江三角洲，西至新疆的喀什地区；南起海南岛，北至新疆玛纳斯河流域和伊犁河谷流域。

全国除西藏、青海、黑龙江不能植棉以外，其他省份都能种植棉花。按植棉面积大小，新疆为特大产棉区，山东、河南、河北、湖北、安徽和江苏为产棉大省，湖南、江西、山西、陕西、天津和甘肃为较大产棉省份，四川和浙江为产棉省；上海、广西、重庆、贵州、云南、海南、内蒙古、吉林和辽宁等为分散产棉省份。

中华人民共和国成立70年以来，中国棉区布局进行了几次重大的结构性调整。20世纪70年代，南方棉田面积和总产占全国的40%，北方棉区占60%，全国棉区呈现"四六"结构，生产总量为150万～200万t。第一次调整始于20世纪80年代初至90年代中期，南方棉田面积和总产占全国的30%，北方占70%，全国棉区呈现"南三北七"结构，生产总量提高到400万t级水平。第二次调整始于20世纪90年代中后期，随着经济发展、种植结构调整和国家政策支持，棉区向西北内陆棉区的新疆转移，到21世纪头10年，西北内陆棉区的面积和总产占全国的比重提高到了35%和40%，全国棉区形成"三足鼎立"的优化结构，生产总量提高到700万t级。近10年（2011—2020），棉区进一步向西转移，西北内陆棉田面积占全国的75%，总产占全国的84.4%（2018年），呈现"一枝独秀"态势。

（1）长江流域棉区 位于华南棉区以北，北以秦岭、伏牛山、淮河、苏北灌溉总渠以南为界，南从戴云山、九连山、五岭、贵州中部分水岭到大凉山为界，东起浙江杭州湾，西至四川盆地西缘。主产区包括上海、浙江、江西、湖北和湖南5省份的全部，江苏和安徽淮河以南、四川盆地、河南南阳盆地和信阳两地区；零星产区包括福建和贵州两省北部、陕西秦岭以南和汉中地区、云南东北部等。该区现为全国第三大棉花产区（图1-3）。

图1-3　长江流域棉区（湖北）高产棉田

　　该区属中亚热带至北亚热带的东部湿润气候区，雨热同季，土壤肥力高，障碍因素少，但日照条件差，适合植棉。≥10℃活动积温持续有效天数220～300d，≥10℃活动积温4 600～5 900℃，年日照时数1 000～2 100h，年平均日照率30%～55%。年降水量1 000～1 600mm，3月开始受到暖湿的夏季风影响，降水增多，6～7月副热带高压与西风带气流在该区交汇，形成约30d的梅雨季节。梅雨过后受到副热带高压控制，夏季炎热多阳，极端异常高温频发对棉花不利；秋高气爽，日照丰富，对棉花有利。

　　该区主要种植中熟、中早熟转 *Bt* 基因抗虫棉常规品种和杂交种。棉田一年两熟和多熟种植，棉田复种指数200%以上。前作以油菜和小麦为主，也有大麦、蚕豆和大蒜、洋葱等。棉花实行套栽，育苗移栽，少地膜覆盖，形成油棉"双育双栽"模式。该区沿江、沿湖和沿海冲积平原土壤为水稻土和潮土，肥力高，有利于棉花高产，但普遍缺硼和缺钾。沿江丘陵为红壤和黄棕壤，耕层浅，肥力差，增加密度有利于棉花高产。四川盆地以紫色土为主，肥力较好。南阳盆地有砂姜黑土，保水保肥性能差。滨海为盐碱土，普遍缺磷。棉田畦作，厢沟、腰沟、围沟和排水沟"四沟"配套，便于排水和灌溉，下游棉田高培土有利防台风。

该区经济发达，劳动力十分短缺，改棉花套栽为油后移栽或直播，其中油后直播呈现良好的发展态势，但需要配套早熟类型品种和配套农机具。

（2）黄河流域棉区　位于长江流域棉区以北，东起黄海、渤海，南至淮河和苏北灌渠总渠以北，西与内蒙古中西部、蒙古国毗邻，北至山海关。东低西高，海拔高度10～1 500m。主产区包括山东、北京、天津和山西的全部、河北（除长城以北）大部、河南（除南阳、信阳两个地区）大部、安徽淮河以北、江苏苏北灌渠总渠以北、陕西（除汉中地区）大部；分散产区包括宁夏全部、甘肃河西走廊以东、内蒙古阴山南麓的黄河灌区。该区现为全国第二大棉花产区（图1-4）。

图1-4　黄河流域棉区（山东）轻简化栽培示范田

此外，黄淮海平原棉区泛指淮河、黄河和海河连成一片的广阔平原，北起燕山南麓，西沿太行山、伏牛山山前平原，南临淮河和苏北灌渠总渠以北，东至东海、黄海和渤海，包括苏北、皖北、山东、河北大部、天津和北京以南。其中黄淮平原棉区又泛指淮河和黄河平原。

黄河流域区属南温带半湿润的东部季风气候区。该区雨热同季，适宜种植陆地棉，种植中熟、中早熟转*Bt*基因抗虫棉常规品种和杂交种。光照充足，年日照时数2 200～3 000h，无霜期180～230d，≥10℃活动积温4 000～4 600℃，≥15℃活动积温3 500～4 100℃，年降水量500～1 000mm集中在夏季，秋季干旱少雨有利吐絮收获。气候变暖导致春季降雨有利播种，然而秋季多雨导致烂铃增加。

该区是我国农作物的一熟到两熟制的过渡区。黄淮平原和华北平原南部为一年两熟制，东北部和滨海为一年一熟制。两熟棉田采用套种（栽），棉花育苗移栽或地膜覆盖。土壤为潮土、褐土、潮盐土和滨海盐土，肥力中等，适合植棉。

该区西部为高原荒漠和干旱气候区，年降水量250～400mm，无霜期140～170d，≥10℃活动积温2 600～3 300℃，≥15℃活动积温2 600℃上下，年日照时数3 000h，海拔500～1 000m，昼夜温差大，病虫少，危害轻。土壤为灌漠土和潮盐土。适宜种植早熟、特早熟陆地棉品种。随着全球变暖和地膜覆盖技术应用，该地区将会成为我国潜力大的后备棉区。

（3）西北内陆棉区 该区位于我国西部，东起甘肃以西至内蒙古西端，西北与中亚细亚接壤，地处亚洲内陆腹地，被祁连山、阿尔金山、昆仑山、帕米尔高原、天山和阿尔泰山所环绕，即六盘山以西，昆仑山、祁连山以北，阴山以西，准噶尔盆地北部，包括吐鲁番盆地、塔里木盆地、准噶尔盆地西南和伊犁河谷，以及甘肃河西走廊与内蒙古西部的黑河灌区。该区以新疆为主（图1-5），包括新疆、甘肃和内蒙古3个省份。现为全国最大产区，面积占全国比例的75%，总产量占全国比例的84.4%（2018年）。该区还是我国唯一长绒棉（海岛棉）种植区。在新疆，地方植棉面积占65.7%，产量约占60%；新疆生产建设兵团植棉面积占34.3%，产量约占40%（2018年）。

图1-5 西北内陆棉区（新疆）棉花高产田

该区跨越干旱南

温带和干旱中温带的温带大陆性气候区，光热资源和生态条件整体有利于种植棉花，可种植陆地棉的中熟、中早熟、早熟和特早熟类型品种，也可种植海岛棉早熟类型品种。气候干旱，年蒸发量1 600～3 100mm，年均相对湿度41%～64%，绿洲农业，灌溉植棉，依雪山融雪性洪水灌溉。海拔高度相差1 500m，无霜期170～230d，年均温度11～12℃，4～10月平均温度17.5～20.1℃，≥10℃活动积温2 900～5 500℃，≥15℃活动积温2 500～5 300℃。年降水量50～300mm，北疆、河西走廊多，南疆少、东疆少。日照充足，年日照时数2 600～3 400h。昼夜温差大，春季气温回升快但不稳定，秋季气温陡降。气候变暖导致北疆积温增加更有利于种植棉花，南疆极端异常高温频发导致蕾铃脱落增加。

地膜覆盖技术促进了西北内陆棉花的大发展。经过40年的发展，先后建立"密矮早"和"密矮早+滴灌+水肥一体化"的高产早熟栽培模式，目前为宽膜覆盖（一幅地膜宽2.05m）、单粒精播、免整枝免打顶、智能化滴灌施肥、化学脱叶、机械采摘的轻简高效栽培模式。

该区棉田大多分布在河流两岸的冲积平原、三角洲地带和沙漠周缘的绿洲。条田连片，农田平整，林网纵横，防风防沙尘，输水渠道硬化，道路畅通。土壤以灌淤土、旱盐土、棕漠土和盐化潮土为主，土层深厚，质地疏松，肥力中等，均有不同程度的次生盐渍化。该区棉田一年一熟，采用冬季休闲和轮作制。

未来，要以绿色轻简栽培为手段，以发展高端品质为主攻方向，节水减肥减药，进一步降低成本，促进棉花生产可持续发展。

3. 世界植棉历史如何？

最早栽培的棉花是起源于印度河下游河谷地带的亚洲棉，而已知最早纺织棉花的人类群体也是生活在印度河谷的农民。1929年，考古学家在今天巴基斯坦的摩亨朱达罗（Mohenjodaro）地区发现了棉纺织品的残片。这些残片的形成年代大致在前3 250年至前2 750年之间。在附近的梅赫尔格尔（Mehrgarh）地区，发现了前5 000年的棉花种子。文献资料进一步指出，在印度次大陆，棉花产业在古代即已存在。创作于前1 500年至前1 200年之间的《吠陀经》（Vedas）也提及棉纤维的纺织。亚洲棉后来从印度向西传播到地中海沿岸和欧洲，向东传播到东南亚各国以及中国、朝鲜和日本。

然而，在15世纪欧洲人抵达美洲之前很久，棉花就在美洲繁盛生长，当地印第安人已经普遍种植棉花并从事棉纤维纺织，棉纺织品在美洲无处不在。16世纪的时候，西班牙人进入墨西哥南部和尤卡坦半岛，发现当地的棉花种植已经非常发达，棉花质量更好。考古证据显示，最古老的棉产品制造中心位于今天的秘鲁一带。在秘鲁中部曾发现距今4 500年的棉铃和棉纤维，并在古墓中发掘出棉织品，考古证明它们是早期驯化的海岛棉遗物。在墨西哥的考古证明，约在5 500年前该地区已存在类似于陆地棉大铃类型的栽培种。

这两个地域一个位于南美洲的安第斯山中部，一个在南亚次大陆印度河流域，远隔太平洋、印度洋，在前2 000年前后不可能有什么交通联系，表明新大陆和旧大陆的棉花种植驯化是分别进行的。

非洲棉最先由非洲传播到阿拉伯一些地区种植，然后传入伊朗、巴基斯坦和中国新疆，同时传入地中海沿岸。

棉花最初传入欧洲是伊斯兰教扩张的结果。伊斯兰文化与棉花之间的关系非常密切，大多数西欧语言中的"棉花"一词都借用了阿拉伯语qutun，法语中为coton，荷兰语是katoen，英语的cotton一词从14世纪开始广泛使用。自从18世纪轧花机、纺纱机、飞梭、织布机相继发明后，棉纺织工业技术得到显著改进，亚洲棉纤维的细度和长度都无法满足纺织工业机械的要求，从而推动了棉花生产的发展，使陆地棉和海岛棉不仅在美国、墨西哥、秘鲁、巴西等国家广泛种植，而且还向亚洲、非洲和欧洲等地区大量传播，全面取代了二倍体棉种。

由于陆地棉的铃大、产量高、纤维品质较优，美国最先从墨西哥引入、驯化后，培育出美棉，并向各国广泛传播。现在占世界棉花总产量90%以上的棉花品种都是原产于墨西哥的陆地棉。海岛棉最早从美洲传入美国东南部沿海岛屿形成海岛型长绒棉（Sea island cotton）。传入埃及后驯化为一个新的类型，即埃及型长绒棉。埃及棉的纤维细长、品质优良，在尼罗河流域广泛种植，从而使埃及发展为世界长绒棉的主要生产国。美国引进埃及棉后培育出比马（Pima）型长绒棉。前苏联等国种植的一些海岛棉品种，也多是利用埃及棉杂交育成的。

4. 中国植棉历史如何？

中国植棉历史悠久。

前2世纪《尚书·禹贡》记载：岛夷卉服，厥篚织贝。由此可见，距今2 000多年前华南一些海岛上已经种棉织布了。

《后汉书·西南夷传》记载：有梧桐木华，绩以为布。5世纪的《南越志》记载：桂州出古终藤，结实如鹅毳，核如珠珣，治出其核，纺如丝绵，染为斑布。据这段文字考证，在后汉（25—220）时，我国的棉纺织业已经相当发达。

7世纪的《梁书·西北诸戎传》记载：高昌国多草木，草实如茧，国人多取织以为布。这些历史文献都说明中国的海南岛、云南西部、广西桂林和新疆吐鲁番等地在距今2 000多年以前已经广泛种植棉花。

中国最早没有"棉"字，古人将南方(境内外)之锦葵目木棉科的木棉，因其絮如丝绵而名之为"木绵"。后来，为了区别于蚕吐丝形成的绵，依汉字构造传统规律，因为由植物开花结实产生的绵为木属，遂将"绵"字改写为"棉"字，普遍称之为木棉或棉花。"棉"字的出现与使用，使棉这一外来物种及其名称进一步纳入中国本土文化之中。宋末元初，长江、黄河流域种植棉花已渐普遍。

一般认为中国古代的棉花是从国外分南北两路传入并向中原传播的。北路传入非洲棉，时间大约在南北朝时期，由阿拉伯经伊朗、巴基斯坦传到中国的新疆，再传入甘肃、陕西一带；宋元之际，棉花传播到长江和黄河流域广大地区。南路传入亚洲棉，早在秦汉时期，亚洲棉由印度经缅甸、泰国、越南传入中国的云南、广西、广东、福建等地，再传到长江、黄河流域。这就是以往普遍种植的中棉。多年生的海岛棉于1918年在云南省开远县被发现，且开远、宾川、元谋等县均早有种植，但究竟于何时何地引入，尚待考证。

由于非洲棉和亚洲棉产量低、质量也不好，到了清末，我国又陆续从美国引进了陆地棉，现在我国种植的全是陆地棉及其变种。中国最早于1865年开始从美国引种陆地棉，首先在上海试种。1914年以后，从美国大量引入陆地棉品种，如脱字棉（Trice）、爱字棉（Acala）、金字棉（King）等，在全国主要产棉区试种推广。1933—1936年又从美国引入德字棉531、斯字棉4号、珂字棉100等品种进行试种。1950年以后开始有计划地引入岱字棉15，经全国棉花区域试验，明确推广地区，集中繁殖，逐步推广，并加强防杂保纯工作，使品种利用期大为延长。自1958年以后，陆地棉品种基本上取代了广泛栽培的中棉。20世纪60～70年代又先后从美国引入一些品种，并开展引种联合比较试验。其后中国棉花育种工作取得显著进展，育成和推广了一些适于各棉区种植的优良品种。每十年实现一次棉种的更新换代，每一次棉种的更新换代都伴随着单产10%～20%的提高。与中华人民共和国成立初期相比较，棉花单产提高11倍、总产提高13.6倍。

棉铃虫危害在世界范围内对棉花造成极大的威胁。我国于1997年从美国第三次大规模引进转 *Bt* 基因抗虫棉新棉33B以及新棉99B，以缓解虫害压力。另外，我国棉花的植保与育种专家也积极地应用生物技术，实现我国自主知识产权的二价转基因抗虫棉的培育。

中国自引种陆地棉以来，棉花栽培技术相应地有很大发展。整地、播种、行株距配置、施肥、病虫防治、灌溉等田间管理水平都有显著提高。特别是20世纪50年代开展营养钵育苗移栽的研究和推广（见棉花营养钵育苗移栽），70年代塑料薄膜覆盖栽培技术的大面积推广（见地膜覆盖植棉），新疆膜下滴灌等促使部分棉区种植制度的改革（见棉田种植制度），以及提高复种指数，因而促进棉花产量显著增加。

5. 棉花有哪些栽培种？

棉花在植物分类学上属被子植物，锦葵科（Malvaceae）棉属（*Gossypium*）。棉属中有草棉（*G. herbaceum*）、中棉（*G. arboretum*）、海岛棉（*G. barbadense*）和陆地棉（*G. hirsutum*）4个栽培种。

草棉原产于非洲南部，也称非洲棉；中棉原产于亚洲的印度大陆，也称亚洲棉；海岛棉原产于南美洲、中美洲、加勒比海群岛和加拉帕戈斯群岛，由于其纤维长，又称长绒棉；陆地棉原产于中美洲墨西哥的高地及加勒比海地区。

草棉和中棉为二倍体，称为旧世界棉；海岛棉和陆地棉为四倍体，称为新世界棉。当前世界各国种植的棉花主要是陆地棉，占栽培棉花的98%以上。

6. 棉花的主要生物学特性有哪些？

棉花原产于热带、亚热带地区，是多年生植物，经长期人工选择和培育，逐渐北移到温带，演变为一年生作物，既保留了多年生植物的一些特性，又形成了不同于多年生植物的某些新的特性。

一是喜温好光性。棉花是喜温作物，其生长起点温度为10℃，最适温度为25～30℃，高于40℃组织受损伤。棉花对光照条件要求高，光照不足会影响棉花的正常生长发育，造成大量蕾铃脱落，降低产量品质。

二是无限生长习性。只要环境条件适宜，植株就可以不断进行纵向和横向生长，生长期也就不断延长。

三是营养生长与生殖生长并进、重叠性。棉花从2～3叶期开始花芽分化到停止生长，都是营养生长与生殖生长的并进阶段，约占整个生育期的80%。但是开花以前，以营养生长为主，开花以后转变为以生殖生长为主。

四是自身调节性。棉株结铃具有很强的时空调节补偿能力，前中期脱落多、结铃少时，后期结铃就会增多；内围铃结铃少的棉株，外围铃就会增多，反之亦然。

五是抗旱耐盐性。棉花根系发达，吸收能力强，对旱涝和土壤盐碱具有很强的忍耐能力，因而棉花具有较强的抗逆性和广泛的适应性。

7.棉花的一生要经历哪些生长发育阶段？

棉花从种子萌发出苗，经历苗期、蕾期、开花结铃期和吐絮成熟期4个生育阶段（也称生育时期），到产生成熟的种子和纤维，即完成棉花的一生。棉花从出苗到吐絮所需的天数，称为生育期。生育期长短，因品种、气候及栽培条件的不同而异，一般中熟陆地棉品种130～140d、中早熟陆地棉品种120～130d、短季陆地棉品种105～110d。在优越的生产条件下，可促使棉花生长加快、发育提前。因此，创造适宜条件，满足棉花生育对环境条件的要求，就能促进棉花早发，延长有效结铃期，从而达到早熟、优质、高产的目的。

棉花所经历的4个生长发育阶段的长短，因基因型（品种）而异，并受环境条件和栽培管理措施的影响。黄河流域棉区现在种植的中早熟品种，一般苗期（出苗至现蕾）需40～45d；蕾期（现蕾至开花）需25～30d；花铃期（开花至吐絮）需50～60d；吐絮期（吐絮至收花结束）需30～70d不等。大致的生育进程是，4月20—25日播种，5月初出苗，6月中旬以前现蕾，7月上旬开花，8月25

日左右全田开花结束，8月底吐絮，10月25日大部分棉铃吐絮。

8.棉籽萌发经历哪些过程和需要什么条件？

棉籽萌发经历吸胀、萌动和发芽三个既相对独立又相互交叉的阶段，胚根顶端伸出种皮（露白），随即种子萌发。

种子萌发需要具备内在和外在的两个基本条件。内在条件就是种子本身要结构完整，有生活力。外在的基本条件就是要有充足的水分、氧气和合适的温度。无论是内在因素还是外在因素的改变，都会影响种子的萌发成苗。

（1）水分　种子萌发经历的第一个阶段就是吸胀，因此水分是种子萌发最基本的条件，是启动因子。吸胀阶段所需要的水分，采用浸种处理时主要来自播种前的水浸处理，不足部分来自土壤；干籽直接播种时，完全来自土壤。棉花种子萌发需水量较多，远远高于禾谷类作物。棉籽外有坚硬的种壳，吸水速度慢，需要的时间也比禾谷类作物长。

（2）温度　棉子萌发需要的第二个基本条件就是温度。因为只有在一定的温度条件下，种子内的一系列代谢活动才能进行，种子才会萌发。种子萌发对温度的要求既严格又多样：种子萌发对温度的反应有三个基点，即最低临界温度、最高临界温度和最适温度。在恒温条件下，种子萌发的最低临界温度为10.5 ~ 12℃，最高临界温度为40 ~ 45℃。在临界温度范围之内，温度越高，发芽越快；在临界范围之外，即使其他萌发条件具备，种子也不能萌发。种子萌发的最适温度为28 ~ 30℃。

（3）氧气　氧气是棉籽萌发的第三个基本条件，原因在于棉籽萌发过程所需要的能量是由有氧气保证下的呼吸作用提供的。虽然，吸胀阶段不需要氧气，但后续的萌动和发芽阶段对氧气依赖性越来越高。而且由于棉籽含有大量的脂肪，与禾本科作物相比，萌发需要的氧气多。

种子萌发过程是决定能否出苗、成苗和壮苗的关键阶段。水分、温度、氧气等对这一过程有显著的影响。三个因素都是必需的，无主次之分。但是，在大田条件下，由于环境条件的不可控性，常常会出现其中1～2种因素成为限制因子的情况，这时的限制因子应当是萌发成苗的主要矛盾。如黄河流域棉区早春播种时，低温是萌发成苗的主要限制因子，到5月夏棉播种时，温度已经升高，不是主要矛盾，但土壤墒情又会成为主要矛盾。萌发过程中水分、温度、氧气三个因素不是独立的，而是相互影响、互为因果。棉籽播种后，降雨或浇水虽能满足种子萌发的水分需要，但往往会降低土壤温度，反而不利于萌发出苗；在临界温度范围内，温度越高，越有利于种子吸水；土壤水分过多，会影响土壤的通气性，造成种子缺氧，对萌发不利，此时温度越高，越容易出现烂种；若播种过深，地面板结，氧气不足，出苗困难，根茎卷曲呈黄褐色，同样会影响发芽出苗；若播种过浅，发芽过程中水分不足，常会造成带壳出苗或根芽干枯，从而降低发芽率。由此可见，大田条件下要使每种因素都达到最佳水平是不可能的，但通过整地、造墒、调节播期、地膜覆盖、种子处理等措施，可以把三种因素协调到一个合理的组合状态，以利于种子萌发出苗。影响种子萌发出苗的外在因素很多，除了水分、温度、氧气外，其他因素都是通过影响这三个基本因素而间接发生作用的。如脱短绒的处理，则提高了种皮的通透性，种子吸水快，萌发出苗需要的时间短。整地、造墒、调节播期、地膜覆盖等措施也都是为了调节土壤中的水分、温度和氧气。

9.棉花苗期有哪些主要生育特点？

棉花一般在4月底5月初出苗，到6月上、中旬开始现蕾，历时45d左右。苗期以营养生长为主(长根、茎、叶)，并开始花芽分化。苗期的棉株体较小，叶面积也较小，光合作用产物少，吸收氮的数量相对也少。但氮素代谢较旺盛，棉花一生中的含氮水平以这个时期为最高，碳水化合物绝大部分用于合成蛋白质，形成叶与茎的结构物质，部分氮则运往茎内以可溶性盐贮藏起来。氮素在叶内的比例比在茎内大。可见，此时营养物质主要用于叶的生长，茎部的可溶性氮含量较高，主要起贮藏作用。这个时期，含糖量水平是较低的，棉株因碳水化合物的限制而生长缓慢。棉株含氮量占养分积累总量的4.5%，而含磷量为3.1%，比氮的积累低。棉苗含钾量占4.1%，与氮的变化趋势相同，在苗、蕾期均较高。

高产棉花要求苗期的长势长相：植株敦实，宽大于高；茎粗节密，红绿各半；叶片平展，大小适中，叶色青绿；顶心凹陷；苗期平均主茎日增长量0.3～0.5cm，现蕾时株高15～20cm，即"二叶平，四叶横，六叶亭"的壮苗长相（图1-6）。

图1-6　苗期棉花

🌸 10. 棉花蕾期有哪些主要生育特点？

棉花一般在6月上、中旬现蕾，到7月上、中旬开花，经历25～30d。棉花现蕾后，开始进入营养生长和生殖生长并进时期，但仍以营养生长占优势，以增大营养体为主。这个时期是棉株生长最快的时期，茎叶增多，体内碳水化合物含量上升，达到一生中的第一次高峰。同时，根系也基本建成，吸收养分的能力大大加强，碳的同化和氮的吸收都达到较高水平。养分的合成利用也开始转到供应营养生长和生殖生长，并仍以营养生长占优势。此期棉株含氮百分率逐渐下降，棉叶的含氮量也大为下降。与此同时，棉株含糖量随生育期的进行而明显增高，茎的含糖量最高。这个时期，碳、氮代谢达到了最旺盛时期，正确掌握这个时期的养分供应，对增蕾保铃至关重要。由于叶面积逐渐接近最大，碳的代谢达到最高峰，这时如氮素供应过多，将碳水化合物过多地用于合成氮的化合物，促进营养器官过度生长，常会引起棉株徒长，增加蕾铃脱落，因而棉花生育前期要避免施用过多氮肥。棉株顶部叶片的含钾量以蕾期为最高，进入花铃期后迅速下降。增施钾肥，可提高茎叶中含钾量，对茎中含钾量的提高尤为明显。

高产棉花要求蕾期的长势长相：根系深扎，叶色油绿，茎粗节密，果枝健壮，顶芽肥壮，蕾多、蕾大脱落少。主茎日增长量，初蕾期为0.5 ~ 1cm，盛蕾期为1.5 ~ 2cm，到开花时株高达50 ~ 60cm，红茎约占株高的2/3。叶面积指数，现蕾时为0.2 ~ 0.4，初花时达1.5 ~ 2；平均3d长1个果枝，到开花时有果枝8 ~ 10个，单株果节数20个以上；主茎顶部的3 ~ 4片展开叶高于主茎生长点，顶心凹陷（图1-7）。

图1-7　蕾期棉花

11.棉花花铃期有哪些主要生育特点？

棉花一般在7月上、中旬开花，到8月下旬或9月上旬吐絮，经历50 ~ 60d。花铃期是营养生长和生殖生长并进的旺盛时期，此期可进一步分为初花期和盛花期两个阶段。初花期营养生长仍占优势，是棉花一生中生长最快的时期；到盛花期逐步转向以生殖生长为主，棉株的营养生长高峰已过，转为生殖生长占优势，这时棉株体内营养物质主要供棉铃生长，新叶出生减少，原有叶片逐渐衰老，中下部叶片由于荫蔽，光合效能降低。因此，这时棉株含糖量开始从盛花期的高峰逐渐下降，茎部贮藏的糖分大多为棉铃所用，其含量也迅速下降，后期则以单糖直接供给棉铃形成所需为主。这时根部得不到地上部碳水化合物的供给，吸收能力逐渐减弱，吸氮功能也急剧降低，反过来又影响地上部的生长，这时棉株含钾量也有所下降。在大量结铃时期，生殖器官中磷和钾的含量迅速增加。磷、钾供应不足，均会影响棉株对氮素的摄取。

高产棉花要求的长势长相：初花期稳长，盛花结铃期旺盛，后期不早衰。主茎日增长量，初花期以2～2.5cm为宜，超过3cm则为徒长，盛花期以后，以0.5～1cm为宜；红茎比例初花期为70%左右，盛花期后以接近90%为宜（图1-8）。黄河流域棉区的叶面积指数，初花期为1.5～2，盛花期为3.5～4.0，吐絮期降至2～2.5为宜；大暑前后带1～2个成铃封行，达到"下封上不封，中间一条缝"。

图1-8　花铃期棉花

12. 棉花吐絮期有哪些主要生育特点？

棉花一般在8月下旬或9月上旬开始吐絮，至10月底或11月上旬，历时70d左右。棉花吐絮后，营养生长渐趋停止，棉株体内积累的有机物质大量地由营养器官向生殖器官转移。生殖生长也渐趋缓慢。这个时期棉铃成为营养供应中心，营养器官所含养分逐渐降低，而生殖器官中所含养分不断提高，氮、磷、钾养分从营养器官向生殖器官转移，以再利用的方式供给棉铃生长。

高产棉花吐絮期要求的长势长相：棉株下部吐絮，上部继续开花，到处暑以后断花。生长健壮的棉花，顶部果枝平伸，果枝长度为20～30cm，有大蕾3～4个。吐絮初期叶面积指数以2～2.5为宜，并缓慢下降（图1-9），如叶面积过大，则延迟吐絮；反之，易引起早衰，降低铃重。

图1-9　吐絮期棉花

🏵 13. 棉花生长发育需要哪些营养元素？

棉花在其生长发育过程中，需要多种营养元素，其中需要较多的有氮、磷、钾等，称大量元素，还需要硼、锌、锰、铜等微量元素。一般每公顷产皮棉1 500kg需吸收氮（N）105～120kg、磷（P_2O_5）60～90kg、钾（K_2O）105～225kg；每公顷产皮棉2 000kg需吸收氮300～555kg、磷105～180kg、钾390～495kg。棉花生长发育的时期较长，在初花期以前，以扩大营养体为主，生根、长茎、增叶；初花期以后，营养器官生长渐缓，以增蕾、开花、结铃为主，不同生育时期棉花的营养代谢特点也不同。

棉花产量与棉田土壤肥力密切相关，要实现优质高产，要求棉田具有较高的肥力，在棉花生长期间能持续供给棉株所需的各种养分。棉花是深根作物，生长期长，需肥量大，对土壤肥力有较高的要求。有机质是土壤肥力的主要物质基础之一，一般有机质高的棉田，土壤肥力也高。因此，棉田培肥土壤的途径是多施有机肥，配合适量化肥于播种前作基肥施入土壤。需要注意的是，近几年由于推广普及抗虫棉，棉田早衰比较普遍，适当增施钾肥对于控制或延缓早衰有明显效果。

施足基肥对提高土壤肥力和满足棉株整个生长发育时期对养分的要求奠定了一个良好的基础，但要获得棉花高产，还需适时适量追肥，才能确保棉花有良好的养分条件。追肥一般掌握前轻后重的原则，因地、因时、因苗施用。

进入花铃期不宜土施磷、钾肥。如磷、钾不足，可叶面喷施0.2%～0.3%磷酸二氢钾。氮肥不足的棉田，还可以将0.2%～0.3%的磷酸二氢钾与0.5%～1.0%的尿素配合喷施。

14. 棉铃是怎样发育形成的？

棉铃是由受精的子房发育而成。陆地棉棉铃有3～5室，每室有籽棉1瓣。棉铃的发育过程可分为三个阶段：一是体积增大期，自受精后经25～30d，棉铃体积长到应有的大小；二是棉铃充实期，棉铃体积达到应有大小后，便进入内部充实阶段，需25～35d（图1-10）；三是开裂吐絮期，棉铃完成前两个阶段后，在适宜的条件下，铃壳脱水失去膨压而收缩，沿裂缝线开裂，露出籽棉，称为吐絮，从开裂到吐絮需要5～7d。

图 1-10　铃期 40d 左右的棉铃

　　三个阶段虽有一定的先后顺序，但并不能截然分开。棉铃的大小，常以平均单铃重或每千克籽棉所需的铃数来表示。陆地棉品种的单铃重一般为 4 ~ 6g，即 180 ~ 240 个铃可收 1kg 籽棉。棉铃按结铃时间，可划分为伏前桃、伏桃和秋桃，总称为三桃。7 月 15 日以前所结的成铃 (棉铃直径达 2cm) 为伏前桃；7 月 16 日至 8 月 15 日所结的成铃为伏桃；8 月 16 日以后所结的成铃为秋桃。根据棉铃吐絮时间早晚，可分为霜前花和霜后花。在生产上常把严霜后 5d 以前所收的棉花，称为霜前花；把严霜后 5d 以后所收的棉花，称为霜后花。霜前花纤维品质和铃重等均好于霜后花。棉籽是子房内受精的胚珠发育而成的。在棉铃发育的同时，棉籽也迅速发育。一般在受精后 20 ~ 30d，棉籽体积可达到应有大小。棉籽的大小用籽指来表示，即 100 粒干棉籽的重量，一般为 9 ~ 12g。

15. 棉纤维是怎样发育形成的？

　　棉纤维的发育过程可分为分化期、伸长期、加厚期和脱水成熟期四个时期。

　　（1）分化期　在开花前 16h 或更长的时间，棉花胚珠部分表皮细胞分化为纤维原始细胞，并突出于胚珠表皮。开花前后不断有大量胚珠表皮细胞分化为纤维原始细胞并突起，这些突起的纤维原始细胞将来发育为纤维。

　　（2）伸长期　棉花开花后第 2 天纤维初生细胞开始伸长，受精后 5 ~ 15d 伸长最快，25 ~ 30d 纤维达最后长度。一般开花后 3d 内开始伸长的可发育成长纤维，3d 后开始伸长的只能形成覆盖种子表面的短绒。影响纤维伸长的速度和长度除品种等因素外，水分是主要因素。当土壤水分低于田间持水量的55%时，则纤维缩短2～3mm。此外，温度低于16℃及光照不足，也会使棉纤维变短。

（3）加厚期 棉纤维加厚一般从开花后20～25d开始，每天淀积一层，直到裂铃时停止，需25～30d。加厚的速度和厚度因品种和环境条件而异。在环境条件中，温度是影响纤维加厚的主要因素。在20～30℃的温度范围内，温度越高，加厚越快，而低于20℃纤维停止加厚。因此，后期棉铃不成熟的棉纤维较多，品质差。

（4）脱水成熟期 此期一般在棉铃开裂后3～5d完成。棉籽上纤维的多少，常用衣指或衣分来表示。衣指即100粒籽棉的纤维重（g）；衣分是指皮棉重占籽棉重的百分数。

16.棉花的需水需肥有什么规律？

（1）棉花需水规律 棉花的需水量或称田间耗水量，是指棉花从播种到收获全生育期内本身所利用的水分及通过叶面蒸腾和地面蒸发所消耗水量的总和。据研究，亩*产50kg皮棉的棉田总耗水量为300～400m³，亩产100kg皮棉则总耗水量为450m³左右。棉花不同生育时期需水量也不同，总趋势是与棉花生长发育的速度相一致。苗期株小生长慢，温度低，耗水量较少；随棉株生长速度加大而耗水量也不断增加，到花铃期生长旺盛，温度高，耗水量最多；吐絮后，棉株生长衰退，温度较低，耗水量又减少。棉田的水分消耗，在苗期有80%～90%的水分是从地面蒸发的，而棉株蒸腾耗水仅占10%～20%；蕾期地面蒸发和棉株蒸腾耗水各占50%左右；花铃期地面蒸发和棉株蒸腾耗水分别占25%～30%和70%～75%；吐絮后地面蒸发和棉株蒸腾耗水又基本趋于相等。

---

*亩为非法定计量单位，1亩=1/15hm²。——编者注

棉花不同生育时期对土壤适宜含水量的要求不同。发芽出苗期，土壤水分以田间持水量的70%左右为宜，过少种子易落干，影响发芽出苗；过多易造成烂种，影响全苗。苗期土壤水分以田间持水量的55%～60%为宜，过少影响棉苗早发；过多棉苗扎根浅，苗期病害重。蕾期土壤水分以田间持水量的60%～70%为宜，过少抑制发棵，延迟现蕾；过多会引起棉株徒长。花铃期是棉花需水最多的时期，土壤水分以田间持水量的70%～80%为宜，过少会引起早衰；过多棉株徒长，增加蕾铃脱落。吐絮以后，土壤水分以田间持水量的55%～70%为宜，利于秋桃发育，增加铃重，促进早熟和防止烂铃。

（2）棉花的需肥规律 棉花从出苗到成熟，历经苗期、蕾期、花铃期和吐絮期4个时期。苗期一般35～40d，由于此时期气温低，棉苗生长缓慢、株体小，在4个时期中养分需要量最少，氮、磷、钾吸收量只占一生吸收总量的5%以下；苗期需肥量虽少，但对氮、磷、钾等养分缺乏十分敏感，尤其是对磷的需求，棉花磷、钾的营养临界期均出现在2～3叶期。蕾期一般25～30d，现蕾以后，棉株进入营养生长和生殖生长并进的时期，但仍以营养生长为主；由于此时气温升高，棉株生长加快，根系逐步扩大，吸收养分的能力逐渐增强，棉株吸收养分的速率和数量仅次于花铃期，氮、磷、钾吸收量达到一生吸收总量的20%～30%；棉花氮素营养临界期在初蕾期，此期棉株对氮素敏感。花铃期一般50～60d，又可分为初花期和盛花期；花铃期历时最长，吸收的养分也最多，氮、磷、钾吸收量均占一生吸收总量的60%左右；氮、磷、钾吸收高峰期均出现在开花期前后至开花期后35～40d，氮、磷、钾最大吸收速率出现在开花期后15～20d。吐絮期一般45～60d；棉花吐絮后，棉株对养分的吸收和需求减弱，氮、磷、钾吸收量仅高于苗期，低于蕾期和花铃期。

长江中下游、黄淮海和新疆三大棉区每生产100kg皮棉（约250kg籽棉）平均需N、P_2O_5、K_2O分别为13.2kg、4.5kg、12.6kg，N：P_2O_5：K_2O=1：0.34：0.97。其中长江中下游棉区，

每生产100kg皮棉需N、P_2O_5、K_2O分别为15.1kg、5.7kg、13.7kg，N：P_2O_5：K_2O=1：0.39：0.93；黄淮海棉区，每生产100kg皮棉需N、P_2O_5、K_2O分别为13.5kg、4.7kg、10.8kg，N：P_2O_5：K_2O=1：0.35：0.80；新疆棉区，每生产100kg皮棉需N、P_2O_5、K_2O分别为12.5kg、4.1kg、13.1kg，N：P_2O_5：K_2O=1：0.33：1.05。三大棉区比较，每生产100kg皮棉，长江中下游棉区棉花氮、磷和钾养分需求量均最高；黄淮海棉区氮、磷需求次之，需钾最少；新疆棉区氮、磷需求最少，而钾需求与长江中下游棉区接近，钾相对于氮、磷的比例最高。

🌸 17.何谓棉花品种？

　　棉花品种是指形态性状一致、农艺性状优良、纤维品质符合要求、遗传性稳定，并具有较大生产利用价值的群体。棉花品种必须具备"三性"：一是特异性，即一个品种必须在一个或多个性状上与同类其他品种有明显的区别；二是一致性，即相同生长发育条件下群体内棉花植株的基本形态及主要特征是基本一致的；三是稳定性，即同一品种在同一地区、相同季节多次繁殖时，棉花植株的基本形态及主要特征基本不发生较大的变化。除上述"三性"以外，一个优良的棉花品种还必须具有较好的生产利用价值，首先要有较高的产量潜力，比当地的老品种或过时的品种增产显著；其次，纤维品质要符合纺织工业的要求，这是保障原棉商品价值的基本要求；最后是能够较好地解决当地生产上存在的主要问题，如抗病、抗虫、熟性、特殊品质要求等。杂交棉品种虽然自F_2代开始严重分离，但F_1代的群体是整齐一致的。

　　依据栽培制度需要、纤维品质要求、生物学特性和育种途径等，可从多个方面对棉花品种分类。

　　按照生育期的长短，一般将棉花分为早熟品种（黄淮棉区又称为短季棉品种或夏棉品种）、中早熟品种、中熟品种和晚熟品种。早熟品种主要用于夏套栽培，中早熟品种主要用于春套栽培，中熟品种只能用于纯春棉栽培，晚熟品种生产上很少使用。山东滨海地区主要适合种植中早熟棉花品种（生育期120～130d），该地区短季棉品种可以用于晚春播栽培。

依据抗性目前主要将棉花品种分为感病品种、抗病品种、非抗虫品种、抗虫品种和病虫双抗品种。棉花的主要病害是枯萎病和黄萎病等，当前生产上的品种一般是抗枯萎病耐黄萎病品种，既抗枯萎病又抗黄萎病的棉花品种还很少。20世纪90年代以后，成功地育出转基因抗虫品种，并在生产上大面积推广。在抗病和抗虫性上，一般分为超高抗（免疫）、高抗、抗、耐、感、高感6个水平，其划分是在一定的压力环境下，通过与对照品种的比较鉴定来确定的。根据棉花品种的其他抗性特点，育种者在品种介绍中有时将该品种称为抗旱品种、抗盐碱品种等，但目前在这些抗性方面还未形成公认的鉴定评价体系及指标。

转基因棉花品种是指携带人工分离、克隆、构建的外源目的基因，并在棉花中高效表达和稳定遗传的棉花品种。目前，国内外生产上成功应用的主要有转基因抗虫和转基因抗除草剂棉花品种。目前使用的抗虫基因主要是来源于苏云金杆菌的 *Bt(Bacillus thuringienis)* 基因，对鳞翅目昆虫有专一杀伤作用。研究表明，转 *Bt* 基因抗虫棉对棉铃虫、红铃虫、玉米螟均有较高的抗性，我国培育成功并在生产上大面积推广种植的鲁棉研28号等均是携带 *Bt* 基因的抗虫棉品种。由于棉田杂草种类繁多，除草剂的应用越来越广泛，但选择性除草剂极少，使用不当易损伤作物。转入抗除草剂基因，可极大地减轻除草剂对棉花的伤害。

18. 什么是有机棉？

有机棉是指按照有机农业标准组织生产、收获、加工、包装、储藏和运输，并对全过程进行全程质量控制，产品需经有机认证机构检查和认证并颁证的原棉。在其生产过程中不使用化学合成的肥料、农药、生长调节剂等物质，也不使用基因工程生物及其产物，也以WTO/FAO颁布的《农产品安全质量标准》为衡量标准。有机棉栽培要注意以下几点：

一是品种选择。根据有机农业认证标准中禁止采用转基因品种、合成物质处理种子以及尽可能使用有机种子的要求，一般采用传统育种方法选育抗病虫能力强、耐瘠薄的品种作为有机棉种植品种。

二是土地准备。有机棉条田在申证前3年，未使用禁用物质，包括化学合成的农药、化肥、非天然植物生长调节剂。相邻地块有使用化肥、农药等禁用物质，要有8m以上的林带、渠沟、田间道或预留隔离带等进行隔离。每2～3年对土壤进行一次化验分析，根据土壤养分含量制定合理的措施，制定严格的培肥措施提高土壤的有机质含量，使土壤保持最佳状态；培肥土壤，保证产品质量、产量。

三是作物轮作。根据当地可接受的有机种植管理模式，采用非多年生的作物轮作方法，包括豆科植物在内的作物轮作体系，利用秸秆还田、施用绿肥和动物粪肥等措施进行土壤培肥、保持养分循环，从而维持持续稳定的生产过程。

四是生长调控。苗期坚持以物理调控方法为主，即通过水调、肥调、中耕等措施来控制棉花的生长，实现棉花苗期生长稳健、壮而不旺。蕾期原则上可以通过推迟头水时间、减少每次灌水量、适当延长滴水间隔时间来控制棉花生长量，通过合理调控，塑造合理株型；花蕾期、花铃期可追施生物有机肥。铃期棉株打顶时间根据气温、产量所确定的预留果枝数而定。

五是病虫草害防治。耕作防治、物理防治、生物防治等综合防治方法将成为有机棉生产中的主要措施。在出苗后和定苗后进行中耕，除净行间护苗带和穴口处的杂草，喷施生物农药防治苗期虫害；蕾期可通过物理防治和生物防治消除病虫害；花铃期注意保护天敌，坚持以益控害，用物理防治和生物防治兼用的病虫草害防治技术体系。

为确保有机地块及其产品的有机完整性，应采取一系列质量控制和追溯技术措施，建立完善的质量跟踪审查系统，包括生产作业活动记录、机械设备和农具清洁记录等；建立有机棉生产管理系统数据库。生产单位的所有地块应尽可能实行统一管理；对农民进行有机认证标准和生产技术培训；运输车辆要事先进行彻底清洁；必须用白色纯棉布有机棉专用袋装运；各有机棉种植户运送单、籽棉收购单上要注明"有机棉"字样。

19. 能杀死棉铃虫的抗虫棉为什么对人畜无害？

Bt蛋白来源于苏云金杆菌，70多年来一直作为安全的生物杀虫剂在农业生产上持续应用。通过转基因技术将*Bt*基因转入棉花后，转*Bt*基因棉花自身就能产生Bt蛋白，内生Bt蛋白杀虫效果较Bt生物杀虫剂更好更稳定，而且高度专一，只与棉铃虫等特定害虫肠道上皮细胞的特异性受体结合，使害虫死亡。人类、畜禽和其他昆虫肠道细胞没有该蛋白的结合位点，便不会产生毒害，吃了当然安然无恙。

Bt蛋白主要作用于害虫的消化系统，由于不同生物的取食习惯明显不同，进而导致消化道里的环境大不相同，棉铃虫等害虫的肠道环境是碱性的，而人畜的胃液环境是酸性的，这意味着能对害虫起作用的Bt蛋白进入人的消化道后却不会发挥作用，它的"命运"只会像其他蛋白质一样，被含有消化蛋白质的酶彻底"瓦解"。

20. 棉花的源、库是什么？有什么特点？

源是指制造同化产物，并向其他器官提供营养物质的部位或器官，主要指成熟的叶片。库是指消耗同化物或贮藏同化物的器官，如幼嫩的叶片、茎、根以及蕾、花、铃等。流是指联结源和库的输导系统，如根、茎等，也可以认为是光合产物由源向库的运输能力。源库关系与作物的生长和经济产量密切相关。源和库相互依赖，又相互制约。源的大小决定库潜力是否能充分发挥，而库强度对源的光合能力又有反馈调节作用。

　　棉花源库关系有以下特点：棉花苗期的源库关系较为简单，成熟叶片的同化产物主要供应根系及幼叶和茎顶端的生长发育，其中根系对同化物的竞争力强于地上部。进入现蕾期后，茎叶生长与蕾铃发育并进，而且并进时间长达全生育期的4/5，在此过程中蕾铃逐渐成为主要的库器官，根系和茎叶的库活性下降。源库关系协调时源强度和库活性都比较高，且源库之间的同化物供求关系比较平衡，有利于高产。具体表现为群体叶面积大小适宜、前期增长和后期衰退速度合理、叶片光合功能期长，可为蕾铃发育提供充足的光合产物；库器官（主要指棉铃）多而大。源库关系失调有两种表现，一是源强库弱，二是源弱库强。当棉田肥水过量、密度大、光照不足时，容易出现源强库弱现象，即棉株营养体生长过旺，光合产物主要供应茎叶自身生长消耗；中下部果枝内围果节蕾铃因营养不良而大量脱落，棉株形成高、大、空的徒长长相。当棉株结铃过早而又肥水不足时，容易出现源弱库强现象，即叶片生理功能过早、过快衰弱，叶片变黄并过早脱落；上部和外围蕾铃大量脱落，棉株呈早衰长相。棉花的维管组织比较发达，流一般不会成为限制产量的因素。

　　衡量棉花源库关系的指标有很多。通常用光合叶面积与光合速率的乘积（群体光合强度）衡量作物的源强度。棉花果枝和叶片直立性好、叶面积指数高、空间分布合理、维持的时间长（尤其在后期），群体光合强度就高。棉铃的库活性可用单位面积铃数与铃重的乘积表示。衡量棉花源库关系是否协调，可以单位叶面积载荷量（果节数/m^2、铃数/m^2、产量器官干重/m^2）作为指标。在适宜叶面积指数范围内，增加单位叶面积载荷量有利于提高产量。

　　棉花源库关系可以通过农艺措施改善。棉花的源强度和库活性是动态变化的，而且对环境因素和栽培措施比较敏感。在低产水平下，产量的提高依赖于扩大叶面积、提高光合产物总量，可采取增加密度、适时灌溉、适量施肥等措施保障盛花结铃期的叶面积系数和较高的群体光合强度。在中产水平下，既要扩源也要强库，在保障水肥供应的同时要注意在初花期应用植物生长调节剂缩节胺控制群体大小、提高成铃率。在较高的产量水平下，进一步增产需要扩大库容（增加铃数、提高铃重）、提高单位叶面积载荷量。一方面可优化不同养分的配比及各种养分的基追比和追施时间，以促进源器官和库器官生长发育的平衡；另一方面可在苗蕾期、初花期、盛花期和结铃期多次应用缩节胺，在控制源器官数量的同时促进同化产物向库器官的转运。

（本章撰稿：董合忠、张艳军）

第二章
棉花集中成熟轻简栽培共性关键技术

本章通过20个问答介绍了棉花轻简栽培的共性关键技术，包括棉花集中成熟栽培、旱地植棉、盐碱地植棉、机械化植棉、智慧植棉、机采棉、盐碱地抗盐防涝凹凸栽培法等栽培技术和方法，了解和掌握这些共性关键技术是因地制宜、为不同产棉区和不同类型棉田制定轻简栽培技术的基础。

21. 我国棉田种植制度有什么特点？

棉田种植制度是指以棉花为主体的作物布局（作物种类、数量与区域）、种植模式（作物结构与熟制）和种植体制（轮作、连作）等组成的技术体系。合理的棉田种植制度能充分利用当地的生态资源和生产条件，实现用地与养地结合，提高土地利用率和劳动生产率，实现棉田作物高产优质高效生产。

我国主产棉区的棉田种植制度主要有3种类型：一是冬季休闲，一年只种一季棉花，如西北内陆棉区的新疆就是一熟类型，冬季休闲；黄河流域棉区热量条件较差的地区和旱地、盐碱地棉田也主要是一年一熟制。二是棉花与大麦、小麦、油菜、大蒜等大田作物套种、复种或间作的两熟制。长江流域棉区普遍实行两熟制，黄河流域棉区光、温和水肥条件好的地区也以两熟制为主。三是棉田间套种植蔬菜、瓜果等一年收获三季以上农产品的多熟制，主要分布长江流域。

（1）一熟棉田　西北内陆棉区和北部特早熟棉区由于热量和

水分条件的限制，棉田种植主要为一年一熟制。但在西北内陆棉区，也有因地制宜发展果棉间作的种植模式，以及棉花与玉米、春油菜的间作。黄河流域的北部地区，由于温度低且秋季气温下降速度快，无霜期相对较短，因而也以一熟棉田为主。

（2）**两熟棉田** 长江流域棉区热量丰富，≥15℃积温达4 000～5 500℃，雨量充沛，年降水量达800～1 600mm，无霜期长达240～300d，再加上人多地少，自20世纪50年代以来普遍推广棉田一年两熟制。种植方式上，采用育苗移栽技术，以套种为主，前茬种植小麦和油菜。在热量更丰富的地区则向麦（油菜）后移栽棉方向发展。近年来，随着农村劳动力的缺乏和老龄化加剧，以及棉花生产轻简化和采收机械化的要求，麦（油菜）后直播棉（早熟品种）的种植模式迅速发展。黄河流域棉区在光、温和水肥条件好的地区，特别是鲁西南，随着粮、棉、菜增收压力的加大，棉花与小麦、大蒜等两熟套种也得到迅速发展，不过近年来开始发展小麦、大蒜后直播早熟棉。

（3）**多熟棉田** 我国粮食安全成为农业主要问题之后，粮棉争地不断加剧。因此，长江流域棉区不断调整棉田种植制度，通过提高棉田复种指数，增加粮棉产量和经济效益。除麦（油）套棉、麦（油）后棉两熟种植方式外，还形成了一年多熟的立体种植方式。这些方式除保持棉花的主体产品生产外，还通过间套种特色经济作物（蔬菜、瓜果等）增加棉田产出。

我国棉田种植制度和种植方式主要有以下几种：

（1）**棉田套种** 在同一田块中于前季作物的生育后期在其株行间播种或移栽棉花的种植方式称为套种。前季作物主要是小麦、大麦、油菜、蚕豆、西瓜、大蒜、马铃薯等。这些前茬作物按一定比例进行条播或条穴播（栽），并预留棉行。套种作物的共生期一般不超过40d。为满足棉田增收的需要，越来越多的棉田套种经济效益较高的瓜、蒜、菜等，棉花行距加宽、株距缩小。这一方面有利于套种作物间的耕、种、管、收，另一方面也缓和了套种作物间对光、肥、水竞争的矛盾。此外，套种作物间采用移栽或地膜覆盖则可推迟播栽期，有利于减少作物间的共生期，减轻相互影响，提高产量和改善品质（图2-1）。

（2）棉田间作 在同块田地上将棉花与一种以上其他生长季节相近的作物同时期或同季节成行或成带的相间种植的方式称为间作。常与棉花间作的作物主要有玉米、大豆、甘薯、花生等（图2-2）。间作的共生期比较长，一般在120d以上。合理间作能形成波浪状的复合受光群体，发挥棉花的边行优势，扩大根系在土壤中的养分和水分的吸收范围，棉花一般不封行，中后期棉田通风受光好。但间作会造

图2-1 麦棉两熟制（麦套春棉）棉田

图2-2 棉花花生宽幅间作

成作物群体间竞争加强，对弱势作物的产量有一定影响。

图2-3 小麦－棉花－西瓜多熟种植

（3）棉田复种 在同一块田地上在前茬收获后播栽棉花或棉花收获后再播栽其他作物从而种植和收获两季以上农作物的种植方式（图2-3）称为复种。种植的前茬作物不需要留行，在其收获后，及时播栽棉花。棉花的种植关键是应用早熟品种，

并适当提高密度，通过肥水和生长调节剂的应用协调棉花生长发育，实现集中成铃和吐絮。近年来，在长江中下游棉区，在大麦、油菜等前茬作物收获后，应用特早熟短季棉品种进行直播，通过高密度、低氮肥投入、化控和脱叶催熟剂的协同调节，在实现丰产优质的基础上，既省工节本、减肥减药，又有利于集中成熟和机械采收。

（4）棉田轮作　在同一块棉田上，年际间有顺序地轮换种植棉花和其他作物的种植方式称为轮作。棉田合理轮作，有利于保持和提高土壤肥力，减轻病虫害和降低田间杂草危害，是棉区实现用地和养地相结合的耕作技术。在长江流域沿海棉区，棉花与旱地作物如玉米、豆类、花生等作物进行轮作；在稻棉兼作地区，稻棉水旱轮作居多；黄河流域棉区主要以小麦–玉米和小麦–棉花的轮作方式较多。西北内陆棉区主要是一年一熟棉花，连作棉田的年限达 $10 \sim 15$ 年，这不利于土壤肥力的改善和保持，提倡在种植棉花 $2 \sim 3$ 年后，改种小麦、玉米、豆科植物 $1 \sim 2$ 年。

22. 什么是棉花集中成熟栽培？

集中成熟是指整株棉花的棉铃集中在一个较短的时间段内成熟吐絮的现象（图2-4）。而集中成熟栽培则是指实现棉花优化成铃、集中成熟的栽培管理技术与方法。集中成熟是棉花机械收获的基本要求。棉花集中成熟栽培要从播种开始，通过单粒精播技术实现一播全苗、壮苗，为集中成熟创造稳健的基础群体；在全苗壮苗基础上，以集中成熟为目标，根据当地的生态条件和生产条件，综合运用水、肥、药调控棉花个体和群体生长发育，构建集中结铃的株型和集中成熟的高效群体结构，实现优化成铃、集中吐絮。棉花集中成熟栽培的关键技术是选择适宜品种、适期播种、合理密植、系统化调、肥水运筹和脱叶催熟等。

我国三大棉区生态和生产条件不同，棉花集中成熟栽培的途径不尽一致。必须因地制宜，建立和应用与三大棉区生态条件相适应的棉花集中成熟栽培模式才能达到预期效果。其中，西北内陆棉区要以促早熟、提高脱叶率、便于机械采收为目标构建集中成熟的高效群体：要优化株行距配置、膜管配置，综合运用水、肥、药、膜等措施，科学合理调控，即通过调控萌发出苗和苗期膜下温墒坏境，实现一播全苗、壮苗，建立稳健的基础群体；结合化学调控、适时打顶（封顶）、水肥协同高效管理等措施调控棉株地上部生长、优化冠层结构、优化成铃、集中吐絮，提高脱叶率。黄河流域棉区一熟制棉花要以"增密壮株"为主线构建集中成熟的高效群体：一是适当增加密度，并由大小行种植改为等行距种植；二是控冠壮根，通过提早化控和适时打顶（封顶），控制棉株地上部生长，实现适时适度封行；三是棉田深耕或深松、控释肥深施、适时揭膜或破膜，促进根系发育，实现正常熟相；四是适当晚播，减少伏前桃，进一步促进集中成铃。长江流域与黄河流域棉区两熟制棉田要以接茬直播早熟棉、密植争早为主线构建集中成熟的高效群体：采用早熟棉或短季棉品种，小麦（油菜、大蒜）后抢茬机械直播，在5月下旬至6月上旬直接贴茬播种，无伏前桃；增密、化控、矮化、促早，种植密度一般在9.0万株/hm²以上，株高控制在90～100cm，促进集中成铃。

图2-4 棉花分散结铃（左）和集中成熟（右）

总之，棉花集中成熟栽培过程实质是集中成熟高效群体的建设和管理过程。为此，首先要根据生态条件、种植模式来确定高效群体结构类型和栽培管理模式。其次，根据群体结构类型确定起点群体的大小和行株距搭配，协调好个体和群体的关系，既要使个体生产力充分发展，又要使群体生产力得到最大提高。最后，在群体发展过程中，依靠水、肥、药等手段，综合管理、调控，一方面在控制群体适宜叶面积的同时，促进群体总铃数的增加，达到扩库、强源、畅流的要求，不断协调营养生长和生殖生长的关系，实现正常成熟和高产稳产；另一方面，调控株型和集中成铃，实现优化成铃、集中结铃、集中吐絮，实现产量品质协同提高前提下的集中采摘或机械收获。

🌸 23. 什么是旱地植棉？

旱地植棉是指在自然降水少而又缺乏稳定灌溉水源的地区，通过一系列耕作栽培及水利措施，充分利用自然降雨，并对棉田土壤水分调亏管理实现棉花丰产的种植方式（图2-5）。

图2-5 旱地棉田花铃期棉花表现

我国的旱地棉区集中在北方半干旱及半湿润易旱地区，主要分布在辽宁朝阳地区、河北黑龙港地区、山西晋中地区、陕西关中地区和河南西部的旱塬，以及鲁西北棉区。均属季风降雨区，年降水量500～700mm，基本能够满足棉花生长发育需求，但60%～70%降水集中于夏、秋季，短时强降雨导致棉田内涝频发；而冬、春少雨，土壤水分经常不足，特别在雨季前，干旱严重影响棉花播种、出苗和前期的生长。因此，因地制宜地采取综合抗旱措施，实现生育前期土壤水分调亏管理，保障棉花正常生长发育是旱地植棉的根本途径。

棉花比较耐旱，只要全苗，就能获得一定的产量。但要获得丰产，还需要一定的水分保证。旱地植棉的主要技术措施如下：

（1）**播种前棉田整地保墒**　秋、冬深翻蓄墒，将夏、秋的雨水积蓄土中。早春时耙糖保墒，地表刚化冻时即顶凌耙地，耙后随糖，镇压提墒。

（2）**冬前增施有机肥或秸秆还田**　增施有机肥或秸秆还田能提高有机质含量，改良土壤结构，提高土壤蓄水、保水功能和调节养分供应能力。

（3）**种子处理**　选用耐旱品种，采用发芽率高的精加工种子。

（4）**开沟覆膜播种**　因地制宜采用机械膜下开沟播种，机播可使开沟、下籽、覆膜、覆土、镇压程序一次完成，减少土壤水分损失。播种深度一般要求4～6cm，覆土约2cm厚；播种量每公顷适当增加到20～30kg。干旱较为严重地区应起垄后覆膜，以备集雨增墒抗旱。

（5）**调亏灌溉**　有蓄水条件的地区可利用滴灌、喷灌等节水措施在生育早期调亏灌溉。

（6）**合理密植和适时打顶**　适当增加每公顷种植株数，7月中旬视情况打顶，根据当年气候及生产情况确定单株果枝数，以充分发挥群体的稳产增产作用。

（7）**雨季防涝**　及时排涝，并集中蓄积，以供生育前期抗旱灌溉；同时及时中耕松土。

24. 什么是盐碱地植棉？

盐碱地植棉是指利用棉花耐盐性强的特点，通过一系列耕作、栽培和工程措施，实现在盐碱地获得较高棉花产量和收益的植棉技术。

中国植棉区内的盐碱地主要分布在3个区域：

（1）**滨海盐碱地**　主要呈带状分布在天津、河北、山东和苏北沿海平原海岸地区，土壤盐分主要来源于海水，因此土壤、地下水和海水的盐分一致，属氯化物盐土区，不仅土壤表层积盐重，心底土含盐也很高。

（2）**黄淮海平原盐碱地** 主要分布在山东西北部、河南东部和北部、河北黑龙港地区和江苏徐淮地区，多呈斑块状插花分布在耕地中，土壤盐分以硫酸盐和氯化物为主，局部地区有重碳酸盐存在。

（3）**西北内陆盐碱地（图2-6）** 主要包括新疆塔里木盆地绿洲和甘肃河西走廊地区，这是目前我国植棉区内盐碱地面积最大的区域，也是中国棉花最集中的产区。高温干旱和强烈蒸发是造成大面积土壤积盐的重要因素。土壤盐分以硫酸盐和氯化物为主。

图2-6　未开垦的盐碱地

图2-7　盐碱地棉田

与其他大宗农作物相比，棉花的耐盐性较强，常被用作盐碱地开发的先锋作物（图2-7）。但是棉花的耐盐性也是有限度的，土壤含盐量过大，受害严重，就会死亡。棉花的耐盐碱能力以幼苗期为最弱，第3片真叶展开以后，耐盐能力逐渐增强。其中，萌发出苗临界土壤含盐量约为0.4%（1～10cm表土层干土重百分比），成苗的临界土壤含盐量为0.3%，当含盐量超过0.4%时，即使能够萌发出苗，也难以成苗。盐碱地植棉要采用工程和农艺措施，一方面要改良和培肥盐碱地，重点是减少耕层（根区）土壤的含盐量；另一方面要增强棉花本身的耐盐能力，其中尤以保苗最为重要。

盐碱地植棉要以播种保苗、促进早熟为中心，应在改良培肥盐碱地的基础上，采取以下技术措施：

（1）选用适合盐碱地种植的棉花品种　主推棉花品种间的耐盐性相差不大，但在盐碱地种植最终的经济产量却相差很大。因此，要选用适合轻简化管理、抗逆性强且在盐碱地种植产量高的棉花品种。

（2）播前耕耙整地，灌水压盐，降低播种层土壤盐分。

（3）轻度盐碱地覆膜平作　可以大小行种植，大行行距100～120cm，小行行距50～60cm，膜宽90cm，一膜覆盖两小行；也可以等距种植，行距76cm，膜宽120cm，一膜覆盖两行。

（4）中度和轻度盐碱地采用沟畦覆膜种植　垄高20～25cm，垄间距105cm，两行棉花种在沟畦里，行距55cm左右，地膜覆盖在沟畦上，诱导形成根区盐分的差异分布，使长在沟中的根系处在少盐或低盐的土壤环境中，长在垄下的根系处在高盐的环境中。

（5）适当增加播种量或播种穴数　根据盐碱程度，播种量较非盐碱地增加20%～30%，实行单粒精播棉田相应增加播种穴数。

（6）合理施肥　根据不同盐碱程度、不同地力、不同产量水平实行分类平衡施肥，实行有机与无机、基肥与追肥、氮肥与磷钾肥配合施用的原则，以满足各生育期对营养的需要，其中含盐量0.2%～0.3%的轻度盐碱地，每公顷施N 180～200kg、P_2O_5 120～150kg和K_2O 100～120kg；含盐量0.3%以上的中、重度盐碱地，每公顷施N 150～180kg、P_2O_5 100～120kg和K_2O 0～90kg。提倡施用缓（控）释肥或棉花专用肥。

（7）科学管理　通过合理密植与科学化控控制叶枝和株高增长，协调营养生长与生殖生长，实现集中成铃和吐絮。

25.什么是棉花地膜覆盖栽培？

棉花地膜覆盖栽培是利用地膜（塑料薄膜）覆盖棉田，通过改善棉田土壤温度、水分、养分、空气状况，促进出苗与幼苗根系生长，实现早发早熟增产的植棉方法（图2-8）。它是根据我国主产棉区早春存在低温、少雨、墒差等不利播种保苗因素，为适应熟制改革和干旱棉区植棉的发展，在总结中国传统覆盖栽培经验的基础上，经过不断创新发展，形成的具有中国特色的棉花栽培技术体系，是提高棉花单产、改

图2-8 盐碱地地膜覆盖植棉

善纤维品质的关键技术措施，一般增产10% ~ 50%。

（1）地膜覆盖栽培增产的原因 一是提高地温：地膜覆盖可以隔绝土壤与空气的直接传热，有效地减少了土壤水分蒸发时引起的热量消耗；而且棉田覆盖地膜后，太阳辐射能透过地膜被地面吸收，由于地膜不透气，阻断热量交换，减少了热量散失，从而起到了增温保温作用。二是保墒提墒：覆盖地膜后，阻隔土壤水分蒸发，使水分只能在膜内循环，总蒸发量减少，从而有效地起到了保墒作用。地膜覆盖加速了土壤上、下层热梯度的差异，促进土壤水分上升，蒸发水在膜下凝结，加上增温效应，有利于种子萌发和出苗，促进根系发育。三是改善土壤物理性状：地膜覆盖后表土不受雨水拍击和人为践踏，使土壤保持固有的疏松状态；由于土壤疏松，容重降低，孔隙度增加，有利于根系生长发育。四是抑制土壤盐分：地膜覆盖棉田有效地抑制土壤水分蒸发，减少盐分在土壤表层的积累，同时还由于膜内表层土壤含水率高，盐分浓度相应较低，有利于棉种发芽出苗和保苗（图2-9）。此外，地膜覆盖还有抑制杂草发生等作用。

图2-9 机采棉地膜覆盖栽培

（2）**地膜覆盖方式** 根据地膜在棉田覆盖位置，覆盖方式可分为行间覆盖、根区单行覆盖、根区双行覆盖和根区宽膜覆盖等。地膜覆盖的效果受覆盖度的影响，早期用于棉花栽培的地膜幅宽为60～70cm，最宽到90cm，棉田覆盖度50%左右。由于宽膜覆盖增温保墒效果最好，有利于促进棉花早发早熟，棉花生产中地膜的幅宽不断增加，从幅宽为120cm的地膜到幅宽205cm、300cm的地膜，覆盖度从70%分别增加到80%和85%，这种覆盖方式已在新疆棉区普及。

地膜覆盖棉田的田间管理与非地膜覆盖棉田大致相同，要注意的是，先播后盖的棉田，当大部分幼苗子叶转绿时要及时打孔放苗；一般地膜棉花根系较浅，要注意防止倒伏；地膜覆盖棉田容易前期旺长，后期早衰，要做好前期防旺长后期防早衰的工作。

（3）**残膜清理回收** 棉田连年大量使用地膜后，田间残膜不断积累，久而久之，会严重影响土壤质量。因此，残膜清理回收十分重要和必要。西北内陆棉区提倡头水前揭膜，也可采用收获后犁地前机械揭膜，春季整地时采用机械进行残膜回收，尽量将残膜捡拾干净，减轻残膜危害；内地棉区提倡盛蕾期结合中耕培土揭膜，并清理残膜。运用可降解的地膜也是今后的发展方向。

26. 什么是育苗移栽植棉？

育苗移栽植棉是指先将棉种播在含有营养土或基质的苗床上，在可控条件下培育棉苗，待棉苗长至2～5片真叶后移栽入大田的植棉方法（图2-10）。

我国自20世纪50年代开始研究育苗移栽植棉方法，先后试验露地育苗、玻

图2-10 传统营养钵育苗移栽

璃温床育苗、营养钵育苗和方格育苗。

至60年代随着塑料薄膜在农业生产上的应用，小拱棚营养钵和方格育苗技术逐渐成熟，并于70年代在长江流域生产上大面积推广应用。黄河流域自20世纪70年代开始试验示范，至80年代大面积推广应用。80年代中后期长江流域已基本普及营养钵育苗移栽，黄河流域也有很大的推广面积。进入21世纪后，随着劳动力向城市转移，基于减少用工、减轻劳动强度的需要，无土育苗、基质穴盘育苗和水浮育苗与机械化移栽技术得到研究和生产应用。

育苗移栽可实现棉花与小麦、油菜等套栽或小麦、油菜收获后移栽，既缓解了土地面积不足的问题，又增加了单位土地面积产出，提高了生产力。

传统的育苗方法是采用营养钵育苗技术。要求选择背风向阳，土壤肥沃灌排方便，无枯萎病、黄萎病菌，靠近大田的地块作为苗床。将床土整碎并加入适当有机养分如发酵的饼肥和速效无机养分氮、磷和钾。制钵前加入适量水，应用5～8cm制钵器制作营养钵，在苗床紧凑整齐排列，上部成一平面。在3月底4月初日平均气温在14℃以上时，选择晴好天气播种，播前浇足水，播后覆土并喷施除草剂，用弓架和塑膜形成小拱棚，四周用土围紧密封。齐苗前不揭膜，齐苗后至一片真叶，及时揭去平铺地膜，早晚保持苗床两头通风，床内温度保持在25～30℃，1叶至栽前7d，逐渐加大揭膜力度，由苗床两头揭膜至揭半膜直至日揭夜盖，关键是保持苗床内温度在20～25℃。移栽前7d，除雨天外，苗床日夜揭膜炼苗。栽前3～5d适量施用肥料并喷施防蚜虫农药，保证健苗移入大田并缩短栽后缓苗期。

轻简育苗技术主要包括基质育苗、穴盘育苗和水浮育苗。基质育苗技术是育苗时做成长5～10m、宽1.2m，床深12cm的苗床，床底铺农膜，膜上装入以蛭石、河沙和有机质为主要成分混合均匀的育苗基质，厚度10cm；在苗床上育苗，齐苗后及时灌促根剂；起苗前叶面喷施1：15倍保叶剂稀释液。穴盘育苗技术是

在播前将育苗基质与
水混合，充分吸足水，
播种育苗。待棉苗长
至2～3片真叶时移栽
（图2-11）。

图2-11　轻简育苗机械移栽

　　水浮育苗技术则是用聚乙烯泡沫育苗盘作为载体、混配基质为
支撑，在加入营养液的水体上进行水浮育苗。育苗基质由珍珠岩、
草炭、草木灰和植物秸秆粉等混合物配比而成。以上3种方法育成
的棉苗既可直接用小锄或小铲进行人工移栽，也可应用机械移栽。

🌀 27.什么是轻简化植棉？

　　轻简化植棉也称棉花轻简化栽培，是指简化管理工序、减少
作业次数、良种良法配套、农机农艺融合，实现棉花生产轻便简
捷、节本增效的栽培管理措施和方法。

　　我国传统植棉主要依赖于劳动密集型的精耕细作，这与过去
人多地少、农村劳动力资源丰富的国情相适应。近十多年来随着
农村劳动力转移和农业生产用工成本不断攀升，基于精耕细作的
传统植棉技术难以为继，必须实行轻简化栽培。由精耕细作到轻
简化栽培，是棉花栽培技术的重大跨越。轻简化栽培既是与以手
工劳动为主的精耕细作植棉相对的概念，更是对传统植棉技术的
改革、创新和发展，是基于中国国情创立的现代化植棉新技术。

轻简化栽培立足于通过农机农艺融合、良种良法配套，解决简化与高产优质的矛盾（图2-12）。有如下特点：

图2-12　棉花轻简化植棉示意

（1）轻简化植棉是全程简化，它体现在棉花栽培管理的每一个环节、每一道工序，而不局限于某个环节、某个时段、某个方面，这是轻简化栽培与传统简化栽培的重要区别。

（2）轻简化植棉不仅要因地制宜，更要与时俱进。一方面，轻简化栽培是动态发展的，其具体的管理技术、装备和措施要不断提升、更替和发展；另一方面，轻简化栽培要符合当地生产和生态条件的要求，不能盲目追求"高大上"。

（3）轻简化植棉的目标是节本增效，在不断减少用工的前提下，减少水、肥、膜、药等生产资料的投入，保护棉田生态环境，实现可持续生产及经济效益、社会效益和生态效益相统一。

（4）轻简化植棉最难、最核心的环节是收的轻简化，也就是集中收获或机械采收。轻简化收获需要从种开始，实行与机械化管理和收获相配套的标准化种植。在此基础上，综合运用水、肥、药调控棉花个体和群体，促进集中成熟，实现集中收获或机械采摘。

（5）轻简化植棉没有严格的条件要求，但提高棉花种植的适度规模化、标准化，提高社会化服务水平，是棉花轻简化生产的重要保障。其中，依靠农民专业合作社等新型农业经营主体是推行轻简化植棉的重要途径。

（6）轻简化植棉的关键技术主要有免定苗技术、免整枝免打顶技术、肥水轻简运筹技术、集中成熟采收技术等。

28. 什么是机械化植棉？

从整地播种到收获采用机械完成一系列操作的植棉方式称为机械化植棉。棉田机械作业主要包括机械化整地、机械化播种、机械化管理和机械化收获。棉花的生育期长，栽培过程复杂，田间管理技术要求高，用工多，且易遭病、虫、草和不利气候条件的袭扰，通过机械化操作，可提高劳动生产率，保证农时和作业质量，减轻劳动强度，降低生产成本。

（1）棉田机械化耕整地　可达到人、畜力难以达到的质量，并可多工序联合作业，大大提高工效和作业质量，做到不误农时。机械化耕地是指翻土、松土、平整、施肥等作业过程，棉田整地应按农时在棉花收获后至土壤封冻前、土壤湿度适宜时作业，主要包括耕后播前对土壤表层进行松碎、平整、起垄、开沟、镇压等过程，棉花在播种之前应按农时农艺要求适墒整地，用联合整地机对角复式作业。整地质量要求应达到"墒、碎、净、松、平、齐"六字标准，不拖堆、不拉沟、地表细碎、上虚下实。耕整地使用的机具有铧式犁、圆盘犁、深松土犁、圆盘耙、动力耙、耱、镇压器、开沟机、起垄机、筑畦机、旋耕机、联合整地机、深松机、耕耘机等。

（2）机械化播种（图2-13）

图2-13　棉花机械化播种

能同时完成种床整形、精量播种、种行覆土和镇压等作业工序，具有播种精度高、播深一致、株行距均匀、覆土良好、镇压适度等优点，且作业效率高，出苗率显著高于人、畜力农具播种。播种行距应符合农艺要求，播行端直，按照适合水平摘锭式采棉机的播种模式须满足采棉机76cm行距配置，主要包括66cm+10cm单双行、76cm单行等行距和72cm+4cm单双行等行距配置模式，各行距与规定行距相差不超过±2cm，行距一致性合格率和邻接行距合格率应达90%以上。自墒出苗的田块播种深度应控制在2.5～3.5cm，滴水出苗的田块播种深度应控制在1.5～2.5cm。自墒出苗模式在新疆南部普遍应用，干土播种、滴水出苗模式在新疆北部普遍应用。在我国西北地区播种机械还需要同时进行地膜覆盖和滴灌带铺设作业。棉花播种机械主要有气吸式和机械式两种，均能实现精量播种；有的播种机械还配有施种肥、喷杀虫剂、喷除草剂和播种进程监视系统装置，可联合进行多种作业，进一步保证和提高棉花播种质量。目前拖拉机卫星导航自动驾驶技术已应用于播种作业，棉田播种连接行精度控制在2～3cm，1 000m播行垂直误差小于3cm，大幅提高了采棉机的采净率、土地利用率和机械利用率等。

（3）田间机械化管理　主要是中耕除草、施肥、植保、打顶等作业机械化。中耕作用在于疏松表土，切断毛管水上升，减少水分蒸发，并能破除板结，改善土壤通气状况，增加降水渗入以纳蓄降雨，便于提高地温、加速养分转化，且可以消灭杂草，中耕结合培土，更能防止倒伏，提高农作物产量和质量。中耕是促进棉花壮根壮苗的有效措施，也是提高棉花产量的一项重要农业技术措施。行间中耕(松土、除草、灭茬等)、追肥、培土多使用锄铲式或旋耕式中耕机,苗期株旁松土除草,多使用旋耕锄、弹齿除草耙;中耕机架上安装除草剂喷洒装置,也可消灭株旁幼草。中耕要做到"宽、深、松、碎、平、严"的要求,必须注意中耕不拉沟、不拉膜、不埋苗,土壤平整、松碎,镇压严实等农艺要求(图2-14)。机械化管理还包括机械化植保作业。机械植保工效高,可在

图2-14　棉田机械化中耕

短期内控制害虫的发生和蔓延,并改善劳动条件。植保方式可分为物理植保和化学植保。物理植保技术是利用能够有效防治植物生长发育过程中的病虫害并且对环境友好的物理防治方法。物理植保作业按照作业位点可分为土壤病虫害防治(土壤电灭虫机)、地面爬行类害虫防治(物理植保液)、飞翔类害虫防治(防虫网、灭虫灯、粘虫板和吸虫机)和空气传播类病害防治(空间电场)。化学植保技术是利用药械喷洒化学农药控制病虫害的化学防治方法。棉田喷药,可采用常规喷雾、喷粉、弥雾、联合喷粉喷雾等方式,分地面喷药和飞机喷药两大类。地面喷药机械有拖拉机或自走机器配带等类型。为使药剂能均匀地喷附于棉株的有关部位,拖拉机或自走机器配带的常规喷雾机,常配有由几个喷头围喷一行棉株的吊杆式喷雾装置。喷药时,需视所使用的药剂、地块大小和连片程度,以及当时的气象、植株等情况选用适当类型的机具,同时要选择在三四级风及以下天气进行作业,注意安全,严格掌握药液配制浓度与施药量,防止漏喷、重喷和滴漏。

（4）机械化收获　大面积棉田,在棉花吐絮成熟后,利用机器进行采收。机械化收获包含化学脱叶催熟、机器采棉和采棉后的清理加工三个工艺环节。化学脱叶催熟是针对棉花收获时不能

集中吐絮和落叶要求，一般在棉花顶部铃龄达40d以上、棉铃成熟度达到铃期的70%～80%且平均气温在20℃以上时进行脱叶处理。脱叶模式包含机载作业和无人机作业。机器采棉根据采收原理有气力式、梳刷式、摘锭式、振动式以及摘辊式。其中摘锭式中的水平摘锭式采棉机在生产中应用广泛（图2-15）。清理加工主要解决机采籽棉含杂率高的问题，包括多种清棉原理的万能净棉机、锯齿清棉机、刺杆螺旋清棉机和塔

图2-15　棉花机械采收

式烘棉机，其中塔式烘棉机减杂效果较好。对收花后剩下的棉秆处理，我国多为碎秆机就地切碎，撒于田间或由机器将棉秆铲起集堆后，运出田外。

29. 轻简化植棉与机械化植棉有什么异同？

机械化是轻简化的重要手段和保障，是轻简化的重要组成部分。包括播种、施肥、中耕、植保、收获等环节在内的作业机械，以及新型棉花专用肥、植物生长调节剂、配套棉花品种等，都是棉花轻简化栽培的重要物质保障。

但是，农业机械化不是轻简化的全部。轻简化要求以机械代替人工，但不是单纯要求以机械代替人工，而是强调农机农艺融合、良种良法配套；轻简化植棉还包括简化管理工序、减少作业次数，如单粒精播减免间苗定苗工序，密植与化控减免或简化整枝打顶工序，这是与机械化的显著不同。

全程机械化生产要求的条件甚为苛刻，黄河流域和长江流域

棉区目前尚无法全部开展。但轻简化植棉则不同，它强调量力而行、因地制宜，采用的物质装备和农艺技术与当地经济水平、经营模式相匹配。可见，轻简化植棉更适合中国国情。

30.什么是智慧植棉？

　　智慧植棉是指将智慧农业技术应用于大田棉花生产的现代棉花生产技术体系。智慧农业是一种依赖于现代科学技术，通过先进的信息技术组件实现智能传感、自动控制以进行农业经济活动的综合管理和科学决策体系。智慧农业可广泛应用于棉花生产的全过程以及产前和产后，比如，应用红外传感等多种传感器对棉田环境的温度、湿度、光照等信息进行实时采集，利用视频监测获取棉株生长的各种信息（例如植株高度、长势、病虫害情况等），同时将收集的信息上传到网络终端进行分析，以帮助用户决策，应用农业机器人等人工智能对田间进行实时管理和定位，包括控制农业设施的运行，实现对棉花的智能灌溉、施肥以及除草等工作（图2-16）。对生产的原棉进行原产地追溯，通过使用电子标签（RFID），使棉花自开始播种起，在种植、加工、处理、运输、销售等各环节均可追踪及透明化管理，以实现原棉生产和加

图2-16　棉田水肥一体化智慧管理示意

工各个流程的安全化、规范化和可追溯。

智慧植棉技术主要包括以下内容：

（1）表型监测技术　主要包括数据采集、网络传输、数据分析三个部分。应用成像传感器、光电传感器等多种传感器作为数据采集模块采集棉花的生理参数；通过RGB成像传感器、红外成像传感器、高通量成像传感器等进行成像，获取棉花的形态、光谱信息；结合棉花的多种长势信息，将其转化为可供装置接收和处理的电信号。将数据采集模块收集的多种信息及电信号经网络传输模块通过以太网等技术上传到数据分析终端，分析处理后得到棉花表型的详细参数，最后分析所得数据用于棉花栽培环境的分析及棉花长势的决策诊断，进而为棉田精准管理提供参考意见。

（2）人工智能技术　主要有人工神经网络技术和机器视觉技术。人工智能作为计算机模拟的智能，可以类似人类的行为对外界事物作出反应。也就是在实现自身智能的同时，在一定程度上代替人类解决各种实际问题。所以，可以代替人类针对棉花生产中出现的各种问题，作出一定的反应，协助分析问题并提出一定的建议，甚至作出决策。现阶段人工智能在棉花种植中的应用主要是通过机器视觉技术采集图像信息，以及通过人工神经网络技术分析问题，作出评估，并尝试给出可行性的处理意见并加以处理。

（3）大数据技术　农业大数据融合了农业环境、作物群体、人类作用的所有信息，具有数据量大、价值高、数据类型多、精确性高等特性。将大数据的概念、技术、思路用于棉花生产，通过快速处理海量数据，可以使智慧农业的运作更加高效、准确。大数据的运作包括云计算、地理信息系统（GIS）、专家系统（ES）等一系列系统。云计算通过调用数据库以及数据共享，以处理大量的田间数据及棉花生长信息，从而采取相应的应对手段。GIS主要用于调用地理信息库，获取环境温度、降水量、光照等天气信息，从而判断分析棉花可能的长势、遭受病虫害的可能性，以及预测棉花产量。ES基于机械化智能项目，系统中存储大量棉花种植专业知识，用于遇到特定的复杂问题时提供解决方案。采用大数据技术，从棉花播种开始监测记录，达到实时监测、全程追踪的效果。全程不需要人工干预，直至棉花产品进入市场，真正做到了各个环节均可追溯，在源头上保证了棉花作物的正常生长，以及棉花产品的安全性。同时，与互联网连接，可以远程对棉花生长环境中的传感器、自动灌溉系统进行远程控制，减少了种植成本。

目前信息化、智能化技术正在用于轻简栽培、抗逆栽培、绿色栽培等栽培新技术，提升栽培管理的精确化、定量化程度，实现智慧植棉、精确植棉，必将大大提高调控的技术效果和资源利用效率。

31. 什么是机采棉？

机采棉是指采用机械装备收获籽棉的现代农业生产方式，是一个系统工程，涉及品种培育、种植管理、脱叶催熟、机械采收、棉花清理加工等诸多环节（图2-17）。

图2-17 机采棉采摘（a）、清理（b）和棉包（c）

美国从1850年开始研究机采棉技术，1889年美国发明家坎贝尔制成了世界上最早的摘锭式采棉机，1942年美国采棉机开始投入批量生产，1964年美国基本实现棉花机械化采棉，1975年美国机械采棉达到100%，美国的主要采棉机生产公司为约翰迪尔公司和凯斯国际公司。除美国外，澳大利亚、以色列、巴西、乌兹别克斯坦等10多个植棉国家的棉花生产也实现了全程机械化。

中国机采棉发展始于新疆生产建设兵团。在农业部的鼓励和支持下，新疆生产建设兵团自1954年起先后从苏联引进了37台CXM-48型单行垂直摘锭后悬挂式采棉机和X40型剥铃机，又于1961年引进15台XRC-1.2型双行垂直摘锭自走式采棉机。由于缺少必要的配套设备，致使机采棉因含杂太多达不到纺织的要求，不能大规模用于生产，采棉机只用于试验。1996年新疆生产建设兵团"机采棉引进试验示范"项目立项，组织研究力量对机采棉农艺进行技术攻关，引进美国采棉机和机采棉加工生产线，在兵团农一师1团和8团实施机采棉高产技术栽培试验。经过5年努力，新疆生产建设兵团在机采棉种植、采收和加工等诸多关键环节取得突破，从2001年起机采棉进入大面积推广阶段。至2020年，新疆生产建设兵团植棉农场已经全部普及机采棉，新疆地方机采棉种植面积也逐年扩大。

内地机采棉的发展始于2012年，山东棉花研究中心配合滨州市农机局和东营市农机局分别在沾化县、无棣县、东营区等建立了机采棉试验示范基地，利用国产3行自走型摘锭式采棉机（4MZ-3）试采成功，采净率90%以上，达到采棉机的规定标准要求，实现了内地棉区机采棉零的突破。同时，由山东天鹅棉业机械股份有限公司提供机采棉清选加工及附属设备，沾化县供销社负责土建和烘干设备，在沾化县建成了山东首条机采棉清理加工生产线，解决了内地机采棉的后续加工问题。

32.什么是盐碱地抗盐防涝凹凸栽培法？

盐碱地抗盐防涝凹凸栽培法是由山东棉花研究中心创建的一种既可减轻盐害、缓解涝害，又方便棉花机械化操作的盐碱地作物种植新方法。该方法冬前起垄并在沟内灌水压盐，春季先盖膜保墒抑盐，达到一定地温后在沟畦膜上打孔播种成凹形种植；6月上旬揭地膜、平垄并培土到棉花基部，使沟成垄、垄成沟，变成凸形种植，因此形象地称为抗盐防涝凹凸栽培法。

以山东黄河三角洲为主的滨海盐碱地是我国重要的优质棉生产基地。然而，滨海盐碱地地下水位高，一方面春季容易返盐，耕层土壤盐分升高而产生盐害，导致棉田缺苗断垄；另一方面棉田排水不畅，夏季雨后涝灾频发，涝渍胁迫不仅不利于棉株根系生长，迫使根系由有氧呼吸转变为无氧呼吸，破坏根系功能，而且使棉株倒伏，进而影响棉花产量及品质的形成。涝害与盐害的双重危害导致重度滨海盐碱地棉花产量低、品质差。

现有的盐碱地棉花栽培方法，大都是采用大水漫灌压盐方式，不仅需水量大，且压盐后至播种一段时间棉田裸露，耕层土壤又会返盐，降低压盐效果。也有起垄沟或沟畦覆膜种植的方法，但都是先播种后覆膜或者播种覆膜同时进行的，而且沟和垄一直保持到棉花收获，播种前的一段时间不能增温保墒抑盐，到7～8月雨季又不能有效地排水防涝，盐碱和涝渍常导致减产甚至绝产。

因此，当前常规的盐碱地作物种植方法不能同时减轻盐害并缓解涝害。而抗盐防涝凹凸栽培法简便实用，既减轻盐害有助于盐碱地出苗成苗，又能防涝排涝、抗倒伏，是棉花等耐盐作物在滨海盐碱地种植的重要技术。主要技术要点如下：

（1）**冬前起垄并灌水压盐**　重度盐碱地（0～20cm土壤含盐量0.5%～1.0%），冬前深松整地并起垄，垄高25～30cm、垄宽70～90cm，两垄间距140～180cm，垄间为沟畦，宽70～80cm；沟中每亩灌水100～200m³（含盐量低的按低限灌水、含盐量高的按高限灌水）压盐，将沟畦耕层含盐量压至0.2%以下。

（2）**春季盖膜和播种**　2月上旬至3月上旬将沟畦盖膜，膜宽80～100cm；4月20～30日，待5cm土层地温稳定通过15℃以上时，在地膜上打孔播种两行棉花，棉花行距40～50cm，形成凹形种植，利用沟中盐分低的特点，减少盐害，促进出苗和生长（图2-18A）。

（3）**夏季平垄培土** 6月上旬，棉花抗盐能力增强后，揭掉沟中地膜，平垄并将土培到沟中两行棉花基部，让沟成平垄、垄成沟，形成凸形种植，便于进入雨季后排水防涝（图2-18B）。

A 凹形

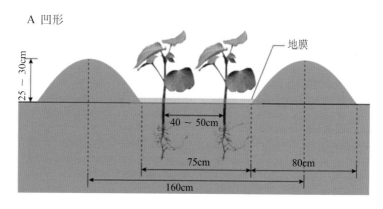

B 凸形

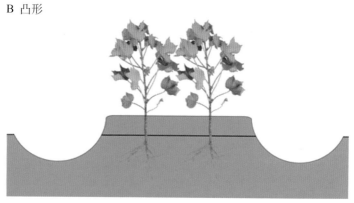

图2-18　抗盐防涝凹凸栽培法示意

抗盐防涝凹凸栽培法有很多优点：一是降低盐分、节约灌水量。凹形栽培，灌水时可以仅对沟中灌水压盐，比传统大水漫灌压盐方式，节水一半以上。灌水后覆膜前利用垄脊聚盐，避免沟内返盐。开春后播种前1个多月直接覆膜，进一步避免耕层返盐。

棉花播种后，利用沟中盐分低的特点，使得沟畦根区土壤保持较低盐分，减少盐害，促进棉花出苗和生长。二是防涝。6月上旬，揭地膜、平垄并培土到棉花基部，让沟成垄、垄成沟，变成凸形种植，在棉田遭受涝灾时加快排涝速度，且通过棉花基部培土的方式还能防止棉花倒伏。三是增温保墒。开春后播种前1个多月直接覆膜，后续在沟畦膜上打孔播种呈凹形种植，通过地膜和沟畦结合实现了增温、保墒、抑盐的作用，促进盐碱地出苗成苗。

🌸 33. 棉花为什么不能连续多年自留种？

棉花连续多年自留种一般导致品种退化，使种性降低、变劣，从而降低产量和品质。首先，棉花是常异花授粉作物，天然异交率一般为2%～15%，个别情况甚至超过50%。异交必然使基因发生重组，改变品种群体的遗传型，导致品种退化。其次，棉花吐絮期长，需要分次采摘、专门加工，程序和技术环节复杂，容易发生机械混杂，而机械混杂可加速品种的退化。退化会使品种变劣，产量降低，品质变差，或者抗逆性变弱。具体表现为棉株或高大松散，或矮小细弱，或枝叶繁茂结铃性差，脱落率比正常棉株高；铃形往往不典型，由圆变长，铃嘴变尖，且株间不一致，铃变小，五室铃比例减少，铃重下降，铃壳变厚，吐絮欠畅等；常出现异形籽，如多毛大白籽、绿籽、灰褐籽、稀毛籽、光籽、小籽等，而且籽指变幅很大，种皮一般稍厚；衣分下降明显；绒长往往变短，变幅多在1～2mm，纤维整齐度变差；成熟期个体间则往往表现早晚不一；抗逆性降低，病株率上升，病情指数增高，抗虫品种的非抗虫株率增加，综合抗虫性下降。

基于自留种的弊端，生产上应当定期更换由科研单位或专门企业经过一定科学程序提纯复壮的原种或原种三代以内的良种。通常情况下，原种三代后不应再用作种子。

34. 引进新品种时应注意哪些问题?

优良的作物品种,不仅是十分重要的农业生产资料,也是农业科技成果的重要载体。因此,有计划地引进推广棉花新品种,对促进地方棉花生产的健康发展是十分重要的。由于任何优良品种都有特定适宜区域,为避免引种失败而给当地棉花生产造成重大损失,需要坚持以下原则。

(1)试验优先原则 "先试验,后推广",这是多年来国内外从大量的失败教训中得出的经验总结。任何品种都是在一定的环境条件下培育出来的,对自然条件和栽培管理制度的适应能力必然有一定的局限性,在国际和大区间的引种中,必须坚持这一原则。为了尽量避免不适宜品种进入生产造成损失,国家和各主要产棉省份都按照《种子法》的要求设置了棉花新品种区域试验,规定未经区域试验达标并通过审定的品种,不能在生产上推广种植。即便是已经通过审定的品种,在一个地区甚至一个县大面积推广之前,也应该先进行试验比较,以便做出正确的决策。对于种子企业来讲,在决定推出甚至向某地区推广新品种前,更应该先进行试验。宣传可以在促进新品种的推广与销售方面发挥重要作用,但必须清楚的是,千家万户的农民才是真正的良种使用和检验者。而且,随着科技文化素质的不断提高,广大农民对作物良种的认识会越来越全面,对新品种的使用与消费态度会越来越成熟。

(2)因地制宜原则 由于品种是在一定的自然和栽培条件下,具有稳定一致性的优良性状的生态类型,脱离具体的生态环境和栽培条件,品种的优良特性就无从谈起。因地制宜选择品种,首先要考虑品种的生态适应性。根据多年的引种经验,新疆当地培育的棉花品种一般不适合在内地种植,南方品种在山东也表现出抗病性较差、晚熟等弊端。其次要考虑种植制度和具体栽培条件,比如是纯春棉栽培还是套种栽培,是春套还是夏套,是直播还是地膜覆盖或育苗移栽，是高肥水地还是旱薄盐碱地，是棉花枯萎病、黄萎病重地还是轻病或无病地，是稀植还是密植栽培等。第三要考虑经济收益，比如在旱薄盐碱地选用杂交棉种，既用种多、成本高，又不能充分发挥杂交种的增产潜力，在经济上是不划算的。

（3）良种良法因种栽培原则　任何一个优良品种都不是万能的，要充分发挥良种的增产增收作用，还需要有良法科学配套。引进新品种以后，应尽快摸清该品种的生长发育特点，研究其关键的配套栽培技术措施，以尽量避免因操作不当而对该品种的推广造成负面影响。

（4）适度规模化原则　对于特殊纤维品质的棉花品种，为了更好地实现其商品价值，必须重视规模化种植的重要性，没有规模化就没有产业化，没有产业化就没有市场竞争力。当纺织服装业开发出附加值高、市场需求量大的某个产品而需要某个优质专用型棉花品种时，必须对该品种进行一定规模的产业化开发，而分散种植和零星收购加工则不可能取得应有的经济效益。

（5）要加强良繁保纯　由于自身生物学上的特性和生产加工上的复杂性，棉花比自花授粉的粮食作物更容易混杂退化，使许多优良性状丧失，生产利用价值下降。因此，对于种子企业来讲，应当把品种的良繁保纯看作企业生命的质量保障，对于广大农民来讲，选购棉花良种时，不仅要选择类型对路的品种，更要重视选购纯度高、加工质量好的棉种。

35. 怎样选用合适的优良棉花品种和防止棉花品种混杂退化？

选用棉花品种时，应按照"服从大局，效益优先，解决突出问题，符合生产条件"的原则，科学选用对路的品种类型与具体品种。可主要考虑以下6种情况：一是当有关部门或涉棉龙头企业对特殊品质的棉花品种建立生产基地，组织区域化规模化的合同订单生产时，应当选用组织单位指定的专用品种，并认真履行合同，种足种好棉花，按时向指定收购单位足量交售产品。组织单位必须首先对所选用的品种在当地进行适应性试验，证明该品种完全适合当地的气候条件和生产条件，并保证合同农户比种植其他品种有较好的收益。这种情况下棉种一般由组织单位统一繁殖（或采购）供应。二是在肥水条件较好的棉田安排纯春棉种植或春套种植，采用育苗移栽或地膜覆盖精量播种时，最好选用单株生产能力大的抗虫杂交棉品种。三是虽然棉田的肥水条件较好，但没有育苗移栽习惯或地膜覆盖精量播种条件，用种量较多且不便选用杂交棉品种时，要选用出苗特性好、前期生长势强、植株较高、株型较松散、后期不容易早衰的中早熟抗虫棉花品种。四是在黄萎病发生重、多年连作的老棉田，要优先选用抗黄萎病较强的抗虫棉花品种。五是在采用地膜覆盖纯作栽培，或土质沙性较大、后期容易早衰的棉田，最好选用生育期稍长、抗黄萎病较强、后期叶功能好、不易早衰的中熟抗虫棉花品种。六是采用轻简化栽培的地区，最好采用营养枝和赘芽较弱、株型较紧凑、叶片中等偏小的中早熟抗虫棉花品种。

棉花品种退化是一个普遍性问题，即使严格实行一地一种，也难以避免品种退化。有效防止棉花品种混杂退化的根本途径，就是严格按照一定的科学程序有计划地生产棉花原种，用原种繁殖生产用种。杂交棉必须确保用高纯度的亲本杂交制种。

国内外在棉花良种繁育上对不同代别良种的叫法有些不同。我国通常对不同代别棉花良种分别叫原原种、原种、原种一代和原种二代。原原种又称育种家种子，是指由育种家育成的遗传性状稳定品种的最初一批种子；原种是指用育种家种子直接繁殖的或按原种生产技术程序生产的达到原种质量标准的种子；原种一代是指用原种直接扩繁的种子；原种二代是指用原种子一代种子直接扩繁的种子。

在棉花良种繁育系统中，原种生产最重要，它是每一轮繁殖种子群体的开端。原种经逐级扩繁后（一般2次，最多3次）生产的质量符合标准的种子统称良种。原种质量必须符合以下标准：

一是性状典型一致，主要特征、特性符合原品种的典型性，原种的田间纯度不能低于99%；二是由原种长成的棉株，其生长势、抗逆性、丰产性和纤维品质的各项物理指标均需保持原品种的特点；三是种子质量高，籽粒发育正常，成熟充分，饱满一致，发芽率高，发芽势强，无杂草及霉烂种子，不带检疫性病虫害。

🌸 36. 何谓脱绒包衣棉种？有什么优点？

　　脱绒包衣棉种是指脱去短绒后再包上种衣剂的棉种（图2-19）。脱绒是通过机械或化学方法脱去种皮上的短绒，生产出光籽；包衣是应用含有杀虫剂、杀菌剂及营养物质的种衣剂处理光籽，生产出包衣种子。脱绒的目的主要是便于种子精选和机械播种，进一步提高种子的播种质量，同时也可以彻底清除附着在棉籽上的短绒及其表皮上的各种病原菌。包衣的目的主要是以种子为载体，将杀虫剂、杀菌剂及营

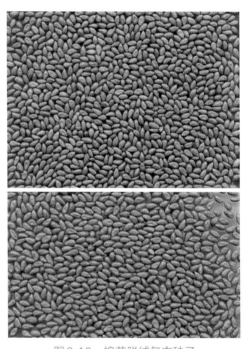

图2-19　棉花脱绒包衣种子

养元素通过包衣处理，使之随种子播入土壤，保护棉花幼苗。与毛籽相比，应用脱绒包衣棉种有以下优点：

　　（1）节约用种　　毛籽经加工处理以后，健籽率、发芽率都会得到有效提高。而且由于种衣剂包衣，可以有效防治苗期病虫害，

显著提高成苗率，使获得全苗的播种量一般由每亩3～5kg毛籽降到每亩1～2kg。

（2）便于机械播种　加工处理后的棉种，同其他农作物种子一样适合机械播种，对于促进棉花生产机械化作业、降低棉花生产成本具有重要意义。生产上使用的精播覆膜机，均要求使用脱绒的棉种。

（3）有效控制前期病虫害　棉种经包衣后，种衣剂中的有效活性组分全部以药膜形式附着在种子表面，而且在运输、播种过程中不易脱落。包衣棉种播入土壤后，即可在种子周围形成保护屏障，在地下筑成"小防区"，防止土壤病菌和地下害虫的侵袭。种衣剂活性组分在土壤中通过再分布，又可直接杀灭土壤中的病原菌和害虫；内吸性杀虫剂被棉株根系吸收后传送到地上部各器官，可有效控制苗蚜等前期虫害。

（4）有利于苗全、苗壮　通常情况下脱绒包衣棉种比毛籽更容易实现苗全、苗壮。因为脱绒包衣过程中，种子得到进一步精选，播种质量进一步提高，而且去掉了携带病原菌的短绒，包上了可以防治苗期病虫害的药剂，棉种出苗能力得到提高，受病虫危害的概率明显降低，为实现苗全、苗壮奠定了基础。

37. 一般棉田如何整地、造墒和施基肥？

棉花是双子叶植物，种子的出苗顶土能力较差，棉籽中脂肪酸和蛋白质含量高，萌发吸水量大，加上常年春季多风少雨，棉花播种保苗成为棉花生产最关键的技术环节。

棉田整地主要是棉田耕翻，分为冬耕和春耕两种，一般棉田以冬耕的效果较好。耕翻深度以30cm左右为宜，丰产棉田可深耕到35cm左右。冬耕棉田，翻后可不进行耙耱，以利于土壤冬融熟化和接纳雨雪；但对于春耕和春后翻二犁的棉田，翻后则要及时耙耱，以利于棉田保墒。春季气候干燥，风也大，棉田跑墒极快，对于春耕棉田，翻后一定要紧跟着耙耱。有些棉田虽然进行了冬、春灌水，但在播种时仍是墒情不足，多是由于春季翻二犁时，没能及时做好耙耢工作；还有的地方耕后只耙不耢，这样也很难保好墒。春季翻二犁时，耕翻深度不宜过深，以13～16cm为宜。如耕翻过深，且耙耢遍数少，易引起棉田透风，不利于保墒，但耙耢遍数太多，必将使表层干土层加厚，从而影响一播全苗。对于土壤较为黏重的土地，春天翻二犁时稍有不慎就造成满地坷垃，一般可采用冬前施足底肥，进行冬耕冬灌，经过冬冻风化，春天不进行翻二犁，而是在化冻时进行顶凌耙地，化一层耙耢一层，土壤化透时地也耙细耢平了，非常利于保墒和一播全苗。

为确保棉花一播全苗，出苗后早发稳长，要求棉花在播种前进行灌水造墒。根据各地水利条件和棉农习惯，棉田造墒有冬前造墒和春季造墒。一般来说，如有灌溉条件，特别是对于重黏土地，最好进行冬灌造墒。冬灌的时间以昼消夜冻的时期为好，灌水量一般掌握在每亩80～100m³。冬灌棉田经过冬天的冬融过程，有利于形成疏松的表土层，能减缓蒸发，而且春季地温回升也快。灌溉方法宜采用畦灌或沟灌，切忌大水漫灌，灌水时要注意灌匀灌透。对于沙壤地也可于早春灌溉造墒，春灌的水量要比冬灌的小，一般每亩40～60m³。为保证棉田地温及时回升，春灌应于棉花播种前20d完成，对于沙土地也应在播种前15d完成灌溉，以免延缓地温回升，延误播种农时。

棉田在整地前要施足底肥。底肥应以有机肥为主，可每亩施优质土杂肥2 500kg以上。除个别地力较差的地块外，一般丰产棉田不宜以速效氮素化肥作底肥。

38. 如何确定棉花适宜播种期？

适时播种是棉花取得一播全苗的关键环节。播种的适宜时期取决于气温、地温、墒情、终霜期、播种方式及棉花品种特性等。

（1）温度是确定播种期的首要条件　黄河流域和长江流域棉

区，一般日平均温度在10～12℃时棉籽可以萌动，12℃以上发芽，14℃以上出苗。播种期主要以5cm地温稳定在14℃以上或气温稳定在16℃以上为标准。西北内陆棉区采用宽膜覆盖和膜下滴灌，当土壤5cm地温稳定通过12℃时即可播种。为使棉苗出土后不致遭到寒流霜冻的侵袭，一般以终霜期播种、终霜过后出苗为原则，并根据气象预报，抓住"冷尾暖头"抢晴、抢墒播种。播种过早，棉花出苗时间长，易引起烂种、烂芽或棉苗弱小，抗灾能力差；播种过晚，虽然出苗快，易于保苗，但生育期将明显缩短，不能充分利用光热资源，同时易造成迟发晚熟。

（2）墒情也是确定播期重要的考量　若墒情过差，宜推迟播期，先行造墒，而后播种，以争取一播全苗。在适宜播期范围内，肥水条件好的高产棉田，选用后发性强的品种，适期早播；肥水条件差的棉田或盐碱地，选用生育期短的品种，适当晚播。

39. 怎样确定棉花种植密度？

从众多的试验结果来看，种植密度并不是影响棉花产量的主要因素。在一定种植密度范围内通过合理管理，密植密管，稀植稀管，都可获得较为理想的产量。但是基于抗逆、稳产、节省成本和便于管理的要求，确定适宜的种植密度（合理密植）还是非常重要的。棉花合理密植是指能实现棉花高产、优质、高效生产的种植密度，种植密度是单位面积土地上通过行、株距的合理配置所种植的棉花株数。棉花是具有无限生长习性，且营养生长与生殖生长并进期长、喜温好光的大株作物。种植密度不合理，行株距配置不当，或因过稀而产量不高，浪费了光能和地力；或因过密而使田间荫蔽，造成棉株徒长，加剧蕾铃脱落，降低了产量和纤维品质。这种损失和其他作物比较，更为严重。在确定种植密度时，可综合考虑当地的生态条件、种植习惯、品种、地力、播种期和排灌条件等因素。

美国、中亚等地区棉花的种植密度为每公顷4.5万～7.5万株。美国多采用76cm等行距种植，便于机械化管理和机械采摘，澳大利亚多采用100cm左右的等行距种植，高原及旱地上种植密度为1.2万株/hm²以上。我国在20世纪50年代初期以前，棉花的种植密度一般较稀，即3.0万株/hm²；50年代末期以后，推行合理密植，每公顷株数一般增到6万～9万株；80年代以来，黄河流域、长江流域棉区由于施肥水平的提高，棉花的种植密度又有所下降，大体每公顷为4.5万～7.5万株。新疆棉区无霜期短，热量资源有限，实施以密植为核心的综合栽培技术，种植密度从20世纪90年代的18万株/hm²增加至21世纪初的27万株/hm²左右。

棉花的种植密度过大，虽单位面积上的总株数多，但由于棉田荫蔽，单株结铃数少，铃重也小，单位面积总铃数虽有增加，但产量不会增加。密度过小，单株结铃数多，铃重也大，但由于单位面积上的总株数少，也不可能取得高产。合理密植是根据气候和地力等条件，在单位面积上采用最佳的种植株数，加上适当的行株距配置，构成一个理想的群体结构，既能使棉株个体发育良好，又能发挥群体的增产作用，即在一定面积内，总株数较多，单株结铃数和铃重不会下降很多，从而使单位面积总铃数增加、产量提高。因此，棉花合理密植是一项经济有效的增产技术，是提高棉花光能利用率的重要途径之一。

现有研究表明，合理密植棉花单位面积内总根量增多，使根系能最大限度地吸收土壤中的养分，充分利用地力；合理密植可使单位土地面积上的叶面积增长较快，较早达到最适宜叶面积系数，以充分利用光能，制造较多的光合产物，保证生殖器官的正常生长，又不致因叶面积指数过高而造成田间荫蔽，导致蕾铃脱落。由于棉田的通风透光条件良好，使靠近主茎内围的果节能正常发育，从而提高结铃率和单位面积的总铃数，保证高产。同时，靠近主茎的果节成铃早，能够促进早熟，保持优良的纤维品质。另外，合理密植还是免整枝和集中成熟的重要保障性措施。

种植密度大小应根据具体条件而定：①无霜期长、降雨多的地区，密度宜小；无霜期短、降雨少的地区，密度宜大。②肥水条件好的棉田，密度宜小；旱薄地，密度要大。③株型松散的品种宜稀些；株型紧凑的品种宜密些。④早播的要稀，晚播的要密；春播的要稀，夏播的要密。

40. 棉田常用除草剂有哪些？如何使用？

棉田常用除草剂根据施用时间不同可分为芽前除草剂、苗后除草剂及二者兼用的除草剂。芽前除草剂主要在棉花播种后施于表土，后覆盖地膜以提高药效，主要有二甲戊灵、氟乐灵、乙草胺、甲草胺、丁草胺、异丙甲草胺、噁草酮、扑草净等；苗后除草剂主要是在棉花出苗后直接喷于杂草上，一般应用于直播棉田，如精喹禾灵、高效氟吡甲禾灵、精噁唑禾草灵、烯草酮、烯禾啶等；可兼用的除草剂有乙氧氟草醚等。

（1）棉花芽前除草剂，在播种后覆膜前施用，对水土表喷施　常用剂量：每亩用33%二甲戊乐灵乳油100～150ml，或48%氟乐灵乳油75～150ml，或81.5%乙草胺乳油60～80ml（或50%乙草胺乳油100～150ml），或48%甲草胺乳油150～200ml，或72%异丙甲草胺乳油100～150ml，或25%噁草酮乳油75～100ml，或50%扑草净可湿性粉剂200～300g，或每亩用48%氟乐灵乳油100ml+50%扑草净可湿性粉剂100g，或24%乙氧氟草醚40～60g，或50%乙草胺乳油100ml+24%乙氧氟草醚乳油10ml。

在喷施时，要严格按照说明书的推荐用量，每亩对水25～35kg均匀喷施，严防重喷或漏喷。苗前用药要整平土地，喷药时要倒退着喷，喷后的地面不要再用脚践踏，以免破坏已形成的药膜，影响除草效果。喷药后要及时盖紧地膜，使薄膜贴紧地面，以提高防效。

二甲戊灵：选择性土壤封闭除草剂，防除一年生禾本科杂草、部分阔叶杂草和莎草,如稗草、马唐、狗尾草、千金子、牛筋草、马齿苋、苋菜、藜、苘麻、龙葵、碎米莎草、异型莎草等。对禾本科杂草的防除效果优于阔叶杂草,对多年生杂草效果差。

播种前或播种后出苗前表土喷雾。土壤墒情不足或干旱气候条件下,用药后需混土3~5cm。需注意每季作物只能使用一次。

氟乐灵:防除单子叶杂草和一年生阔叶杂草,如稗草、马唐、狗尾草、蟋蟀草、早熟禾、千金子、牛筋草、看麦娘、野燕麦等,也可防除小粒种子的藜、苋菜、马齿苋、繁缕、蓼等双子叶杂草。播前或芽前使用,按用量喷洒在土地上,8h内耙入土中,以防光分解,杀草效果达95%。

乙草胺:选择性芽前处理除草剂,防治对象为稗草、狗尾草、马唐、牛筋草、稷、看麦娘、早熟禾、千金子、硬草、野燕麦、臂形草、金狗尾草、棒头草等一年生禾本科杂草和一些小粒种子的阔叶杂草,如藜、反枝苋、酸模叶蓼、柳叶刺蓼、小藜、鸭跖草、菟丝子、萹蓄、节蓼、卷茎蓼、铁苋菜、繁缕、野西瓜苗、香薷、水棘针、狼把草、鬼针草、鼬瓣花等。

有机质含量高、黏壤土或干旱情况下,建议采用较高药量;反之,有机质含量低、沙壤土或降雨灌溉情况下,建议采用下限药量。

丁草胺:选择性芽前除草剂,防除一年生禾本科杂草和一年生莎草科杂草及某些一年生阔叶杂草。

异丙甲草胺:选择性播后苗前除草剂,可防除牛筋草、马唐、狗尾草、稗草等一年生禾本科杂草以及苋菜、马齿苋等阔叶杂草和碎米莎草、油莎草。

噁草酮:防除稗草、千金子、雀稗、异型莎草、球花碱草、鸭舌草、瓜皮草、节节草以及苋科、藜科、大戟科、酢浆草科、旋花科等一年生禾本科杂草及阔叶杂草。

扑草净:内吸选择性除草剂,防除稗草、马唐、牛筋草、千金子、看麦娘、野苋菜、蓼、藜、马齿苋、繁缕、车前草等一年生禾本科杂草及阔叶杂草。

（2）棉花生长期杂草的防治，苗后用除草剂，对水直接喷施杂草　对于多数棉田，马唐、狗尾草为害严重，占杂草的绝大多数。在杂草基本出齐，且杂草幼苗期时应及时施药。

常用剂量：每亩用5%精喹禾灵乳油50～80ml，或10.8%高效氟吡甲禾灵乳油20～30ml，或12.5%烯禾啶乳油66～100ml，或24%烯草酮乳油20～40ml。

施药时视草情、墒情确定用药量，草大、墒差时适当加大用药量。每亩对水30～35kg均匀喷施。

精喹禾灵：选择性内吸传导型茎叶处理剂，防除单子叶杂草。

高效氟吡甲禾灵：可有效防除匍匐冰草、野燕麦、旱雀麦、狗牙根等禾本科杂草。

精噁唑禾草灵：选择性茎叶处理剂，主要用于防除野燕麦、看麦娘、狗尾草、燕麦、黑麦草、早熟禾、稗草、自生玉米、马唐等。

烯禾啶：选择性内吸传导型茎叶处理剂，防除稗草、野燕麦、狗尾草、看麦娘、马唐、牛筋草等，对阔叶杂草无效。

烯草酮：芽后除草剂，具有高选择性和内吸传导作用的茎叶处理剂。在禾本科杂草二叶至分蘖期均可施药。用于防除多种一年生和多年生禾本科杂草。

（3）芽前苗后可兼用的除草剂　有乙氧氟草醚等。

乙氧氟草醚：选择性芽前或芽后除草剂，触杀型除草剂。在有光的情况下发挥其除草活性。芽前、芽后施用防除稗草、旱雀麦、狗尾草、豚草等。可在棉花播后芽前对水土壤封闭，每亩用24%乳油10ml，可有效防治多种杂草，持效期40～60d。也可在棉花16cm以上时对棉花下部定向喷雾，尽量避开棉花茎叶。

在棉花生长期间，若田间杂草发生较多，棉花具有一定高度，可以施用灭生性除草剂如草甘膦，进行防治。在棉花现蕾后株高60cm以上时进行，杂草4叶期，每亩用10%草甘膦水剂200～250ml；杂草在6叶以上时，每亩用10%草甘膦水剂400～600ml，对水30～40kg定向喷于棉株行间。操作时喷头上应增设保护罩，并压低喷嘴，防止药液喷洒到棉花植株上。草甘膦是灭生性除草剂，可用于马唐、狗尾草、牛筋草、藜等杂草防除。在晴天，高温时用药效果好；施药时注意防止药雾飘移到非目标植物上造成药害；施药后3d内勿割草、放牧和翻地。

（本章撰稿：张艳军、董合忠、迟宝杰、聂军军）

第三章
西北内陆棉花集中成熟轻简栽培问答

以新疆为主的西北内陆棉区是当前我国最大的棉区，也是最适合应用集中成熟轻简栽培技术的产棉区。本章根据该区生态特点和生产要求，重点介绍了单粒精量播种、干播湿出、免整枝免打顶、膜下滴灌、水肥一体化、脱叶催熟等关键技术，以促进该区棉花生产轻简节本、提质增效、绿色发展。

41. 什么是矮密早植棉技术？

矮密早植棉技术是新疆独特的棉花栽培技术。矮密早栽培是以矮化高度、增加密度、保障成熟度为特征。

矮的含义是棉花株高一般控制在60～90cm，株高不宜高也不宜低，太高影响成熟，还容易造成"高、大、空"，太低影响经济产量形成的生物学基础。

密的含义是棉花种植密度高。发挥群体优势是新疆棉花增产的基础，风险小，稳产性好。新疆棉花种植密度经历了6万～7.5万株/hm²、9万株/hm²、12万株/hm²、15万～18万株/hm²、25.5万～30万株/hm²的演变过程。

早的含义是棉花熟性早。北疆生育期125d左右，南疆生育期130d左右，吐絮集中，霜前花率>85%。矮密早栽培使新疆棉花单产由450～600kg/hm²提高到900～1 200kg/hm²（图3-1）。

矮密早栽培奠定了新疆棉花栽培的基础，也为我国棉花栽培作出了重大贡献。随着生产方式、生态环境和种植技术的变化，矮密早栽培技术也在不断发展，一是形成了高密度植棉技术，20世纪90年代，为进一步利用光热资源、发挥群体优势，棉花种植密度由每亩7 000株增加到12 000株，又进一步增加到17 800株，皮棉

图3-1　矮密早栽培的棉花

单产增加到1 359.6kg/hm^2。二是形成了一膜三行、一膜四行、一膜五行、一膜六行、一膜十二行的株行配置种植模式。三是随着机采棉农机农艺的配套，对矮密早栽培提出了新的要求，要求植株高度以80 ~ 90cm为宜，种植密度以中密为宜，在早熟基础上，突出集中成熟性，棉花吐絮要集中。

42. 新疆为何要采用地膜覆盖植棉技术？

地膜覆盖植棉技术是指在棉花生长期内用地膜覆盖播种行及周边土壤的植棉技术。根据覆盖方式不同，地膜覆盖植棉技术包括全生育期覆盖植棉技术、半生育期覆盖植棉技术、单膜覆盖植棉技术、双膜覆盖植棉技术、不同膜宽的窄膜（1.4m）宽膜（2.1m）超宽膜（4.1m）覆盖植棉技术。

新疆地膜覆盖植棉技术对棉花生产具有多种作用效果：一是具有增温、保墒、抑草、抑盐、改善土壤物理性状、加速营养物质转化的作用，二是具有显著提高出苗率、促进早发、提高产量质量的作用。地膜覆盖植棉技术有效缓解了新疆特殊的干旱、盐碱、低温等生产环境问题，显著提高了棉花生产水平，20世纪80年代末在新疆迅速大面积推广应用，被称为"白色革命"（图3-2）。

图3-2　新疆地膜覆盖棉田

🌸 43. 为何新疆要采用棉花单粒精量播种技术？

单粒精量播种技术是指通过精量播种机械实现单粒穴播的播种技术。精量播种技术要求达到单穴单粒、空穴率<5%、播种深度2～3cm、覆土厚度1～2cm的质量标准（图3-3）。据此做到整地质量平整、播种机行走速度均匀、土壤墒情适宜、覆土器处于最佳工作状态、种子质量一致。单粒精量播种技术增产提质增效显著：一是显著降低了用种量，播种量由最早的每亩7～8kg，降到之前的每亩3～4kg，再降到目前的每亩1.5～2kg；二是易形成弯钩、壮苗，减少带壳出苗比例（10%以上）、减少高脚苗弱苗比例、减少棉苗发病率（8%左右）、减少大小苗比例；三是减少人工定苗。目前，新疆已全部实现单粒精量播种。

图3-3　棉花单粒精量播种棉田（a）和出苗（b）

🌸 44. 机采棉技术包含哪些内容？

（1）机采棉技术　指通过大型采棉机和农艺配套，采收吐絮棉花的技术（图3-4）。根据采摘原理不同，采棉机有多种类型。新疆采用的是水平摘锭式采棉机，水平摘锭采棉机具有采净高、含杂低、落地棉少、采收品质好的特点。农机农艺配套是一系列技术的集成，包括品种、种植模式、种植密度、脱叶催熟等技术的配套。

图3-4　新疆机采棉收获

机采棉技术要求达到减少产量和质量损失，采收品质（公检）纤维绒长＞29mm、纤维比强＞29cN/tex、马克隆值3.5～4.9，采收前脱叶率≥95%、落叶率≥92%、吐絮率≥95%，采收后采净率≥95%、籽棉含杂率≤8%、落地棉＜10%、机损率＜3%的采收质量标准。

棉花采收是棉花生产中劳动强度最大、投入劳力最多、工期最长的生产作业环节，机采棉技术解放了生产力，解决了劳动力短缺问题，显著提高了采收效率，降低了采收成本，棉花采收成本由1.5～2元/kg，降低到0.4元/kg。截至2021年，新疆70%以上棉田已实现机械化采收。

（2）选择机采棉品种　在"早熟、抗病、稳产、优质"基础上，机采棉品种要选择农艺性状符合采棉机作业要求的品种：北疆品种生育期＜125d、南疆品种生育期＜130d，集中成熟性好，吐絮集中，正常年份喷洒脱叶催熟剂时棉花吐絮率＞30%，抗枯萎病和黄萎病，纤维绒长＞30mm、纤维比强＞30cN/tex，株型较紧凑、筒形为宜，第一果枝高度＞20cm，叶量少，茎秆弹性好，含絮力强，不掉絮，脱叶落叶性好。

（3）机采棉种植模式　根据采棉机结构，为保障棉花进入采棉机采收的喇叭口，防止压挂导致的棉花机损，机采棉种植模式有两种设计：一是一膜六行种植模式（图3-5），该模式采用（10+66+10+66+10）cm的宽窄株行配置；二是一膜三行种植模式（图3-6），该模式采用(76+76)cm的等行距株行配置。目前生产上以一膜六行模式为主。机采棉种植密度根据棉田和品种类型确定，为适应机采，大部分棉田采用中高密种植，密度在每亩1.5万株；中低产棉田采用高密种植，密度在每亩1.7万株；个体优势强的品种采用中低密种植，密度在每亩1万~1.3万株。

图3-5 一膜六行种植模式

图3-6 一膜三行种植模式

（4）机采棉脱叶催熟 脱叶催熟是指利用脱叶催熟剂调控棉花生理生化过程，有效调控叶柄与茎之间的离层形成和棉花体内生长激素的平衡水平，加快机械化采收前叶片脱落、棉铃吐絮，从而实现脱叶催熟、降低机采籽棉含杂率、一次性集中采收的植棉技术。脱叶催熟技术要求喷药后15~20d达到脱叶率>90%、吐絮

图3-7 无人机喷施棉花脱叶剂

率>95%，力求"青脱"，防止"枯而不脱"或"脱而不落"或先催熟后脱叶的质量目标。脱叶催熟技术包括脱叶催熟剂剂型选择技术、脱叶催熟剂施用技术、脱叶催熟配套技术、不同生长发育棉田施药技术等（图3-7）。

根据脱叶催熟剂的作用机制，棉花脱叶催熟剂分为两类：一类是促进棉花生成内源乙烯的化合物，如噻苯隆、乙烯利等，其主要作用是诱导棉铃开裂和形成叶柄离层；另一类是触杀型的化合物，如草甘膦、脱叶磷、噻节因、唑草酯、敌草隆、氯酸镁等，其主要作用是直接杀伤或杀死植物的绿色组织，并刺激乙烯的产生。

为保障脱叶催熟效果，脱叶催熟剂的施用标准做到（图3-8）：

图3-8　不同脱叶效果棉田比较

（1）施药时期　以棉田平均吐絮率达到30%以上、顶部棉铃铃期35d以上为宜，北疆棉区以8月底至9月初为宜，南疆棉区以9月上中旬（秋季气温下降慢的年份可延迟到9月下旬）为宜。当吐絮率与温度条件无法同时满足时，以絮到不等时、时到不等絮为原则，优先满足温度条件。

（2）施药气象条件　选择当日气温21℃以上，晴天无风，日平均气温连续7～10d要在18℃以上为宜。当吐絮率与温度条件无法同时满足时，优先满足温度条件，不宜在气温迅速下降的高温天气喷药。

（3）施药次数　一般1～2次，可根据脱叶情况进行二次补喷，无人机建议分两次喷施，效果更好。

（4）施药量　正常棉田适量偏少，过旺棉田适量偏多；早熟品种适量偏少，晚熟品种适量偏多；喷期早的适量偏少，喷期晚的适量偏多；密度小的适量偏少，密度大的适量偏多。用脱落宝450g/hm²+乙烯利1 050g/hm²，或用脱吐隆150g/hm²+乙烯利1 050g/hm²，气温低时或长势较旺棉田适当加大乙烯利用药量；每亩用噻苯·敌草隆悬浮剂（540g/L）12～15ml+乙烯利70～100ml；每亩用噻苯隆悬浮剂（50%）40～45ml+乙烯利70～100ml；每亩用噻苯·乙烯利悬浮剂（欣噻利，50%）90ml+60ml（推荐2次，间隔5～7d）。

（5）**施药机械**　用牵引式或背负式打药机械喷药，避免碾压棉株，带上下喷头，下喷头离地面15～20cm，喷施药液600～750kg/hm²，最大限度保证棉株叶片正反两面均匀喷上药液。用无人机施药，每亩施用1.0～1.2L为宜，飞行速度4m/s，高度2m。

（6）**注意事项**　若施药7～10h内遇雨，应及时补喷，力求受药均匀，早晚喷药，禁止大风天气施药，防止飘移。不同厂家的脱叶剂因配方不同、含量不同，在使用时请务必仔细地阅读清楚产品说明书。

45. 棉花如何实现干播湿出？

干播湿出植棉技术又称滴水出苗植棉技术，是指在棉花播种前既不冬灌也不春灌，整地后直接铺膜播种，气温稳定后随时滴水，使膜下土壤墒情达到棉花种子出苗的要求，实现出苗的植棉技术。目前主要在北疆应用。

干播湿出植棉技术以膜下滴灌技术为核心技术，实现了用少量的水满足膜下土壤墒情达到棉花种子出苗的要求，缓解了水资源季节性紧张矛盾，节约了冬春灌水（70%），达到了苗齐、苗匀、苗壮。新疆水资源严重缺乏，随着棉区面积不断扩大，冬灌或春灌用水日益紧缺，已无法提供充足的冬灌或春灌用水。干播湿出技术为在水资源紧张情况下棉花高产、稳产提供了技术支持。

干播湿出的配套技术：一是干播湿出技术要求提高整地质量，

实现滴水均匀、出苗整齐；二是用一膜三带布管，保障滴水快而均匀；三是待地温上升到适宜棉花出苗的温度时开始膜下滴水，水量不宜太大，每亩滴水量20m³左右；四是干播湿出棉田棉花高脚苗现象较严重，应加强苗期缩节胺化控，苗期后每亩喷施缩节胺0.5～1g；五是盐碱重的棉田滴水出苗时配施腐植酸肥料，减轻土壤盐渍化危害，并提供种苗所需有机养分，促使棉种尽快出苗、棉苗稳健生长；六是为防止土壤板结可采取侧封土，待苗全后对膜孔封土。

46. 什么是棉花水肥一体化技术？

棉花水肥一体化技术是利用微滴灌系统，根据土壤的水分和养分状况及作物对水和养分的需求规律，将肥料和灌溉水一起以优化组合的状态，适时适量、准确地输送到棉花的根部土壤，供给作物吸收利用，实现同步滴水施肥的技术（图3-9）。棉花水肥一体化技术优点突出：一是水肥料利用率高，每亩节肥30%以上，肥产比提高35%左右，皮棉单产提高17%以上；二是肥水施用均匀、改善土壤微环境，使土壤容重降低、孔隙度增加，增

图3-9　棉花水肥一体化系统

强土壤微生物环境，减少了养分淋失；三是田间湿度小，防止土壤板结；四是操作简单，适用性强，省工、省成本。水肥一体化技术已成为棉花生产精准灌溉施肥技术，对提高棉花单产水平、降低棉花生产成本、提升植棉经济效益具有重要支撑作用，对棉

花轻简化生产提供了重要技术支持。

水肥一化技术是随着棉花膜下滴灌技术日趋成熟而形成的技术。进入21世纪，膜下滴灌技术在全疆大面积推广应用，以膜下滴灌为代表的棉花水肥一体化栽培技术，逐渐取代大水漫灌、沟灌等传统灌溉方式，使全疆棉花生产水平再上新台阶。棉花水肥一体化的技术优势是实现资源高效利用、省水、省肥、肥水均匀、减少田间杂草、减少病害、减少田间用药、防止土壤板结、省工、省成本、促进棉花生长、高效生产、提高棉花产量、操作简单、适用性强。

棉花水肥一体化的作用表现在：一是促进了棉花生长发育，增加了棉花干物质量，特别是蕾期后一直到吐絮期，水肥一体化的棉花干物质含量高，更有利于棉花产量和品质形成；二是提高了棉花对养分的吸收，根据氮、磷、钾的移动特性和滴灌湿润区，磷、钾肥滴灌前期施，氮肥后期施；三是更有利于棉花稳健生长和塑造合理的棉花群体和个体结构，冠层通风透光好，蕾铃脱落率低。

47. 新疆如何实现棉花全程化控？

棉花全程化控技术是指在棉花一生的不同生长发育阶段，根据棉花生长发育指标，应用植物生长调节剂对棉花器官、群体和个体的生长发育进行调控，促使棉花生长发育结构达到合理指标的技术。棉花全程化控以协调棉花器官生长发育结构为目标，实现壮根、早发、生殖与营养协调、群体与个体结构合理、冠层通风透光、不早衰不贪青的生长发育目标，技术要求做到分期化控、少量多次、前轻后重、早控为宜、依天依地依棉化控、水控肥控化控相结合。目前形成了以缩节胺（DPC）为代表的棉花全程化控栽培技术体系，包括壮苗壮根化控技术、促早化控技术、塑型化控技术、协调营养与生殖生长化控技术、增蕾保铃化控技术、断花化控技术、控旺促弱化控技术等，有效调节了棉花生长发育结构。

缩节胺化控已成为棉花生产中不可缺少的一项技术。缩节胺化控贯穿棉花生育各时期，全生育期化控6～8次。苗期化控以轻、勤、早为原则，即少量、多次、尽早为宜。棉株1～3片真叶时，每亩用缩节胺0.5～1.0g进行叶面喷施。4叶期应及时用少量的缩节胺0.3～0.5g进行叶面喷施调控，以促进稳健生长、长根蹲苗。蕾期化控2～3次，缩节胺用量每亩1～1.5g；对于旺长棉田，可提早8～10d揭膜、晾晒，采取化控和推迟浇水，每亩喷施缩节胺1～1.5g。初花期灌头水的壮、旺苗棉田，头水前每亩用缩节胺1.5～2g。花铃期的壮、旺苗棉田，头水前每亩喷施缩节胺2g，二水前每亩喷施缩节胺2～3g。打顶后，当顶果节数达到15个时，每亩喷施缩节胺5～6g，7～10d后进行第二边封尖，每亩用缩节胺10～15g。

48. 新疆棉田怎样防控病虫草害？

病虫草害绿色防治技术是指采用农业防治、物理防治、生物防治、生态调控以及科学、合理、安全用药等环境友好技术措施防治病虫草害，实现棉花安全生产、环境友好、保护天敌、减少化学农药使用的病虫草害防治技术。病虫草害绿色防控技术以建立稳定的棉田生态系统，有效控制棉花病虫害，保护天敌和生物多样性，确保棉花生产安全、质量安全和增产、增收为防治目标；绿色防控技术提倡人为增强棉花自然控害能力和抗病虫能力，最大限度降低农药使用造成的负面影响。

（1）生态调控技术　包括采用抗病虫品种、优化作物布局、改善水肥管理、农田生态工程、作物间套种、天敌诱集带等生物多样性调控与自然天敌保护利用等技术。

（2）生物防治技术　采用以虫治虫、以螨治螨、以菌治虫、以菌治菌等生物防治技术，包括赤眼蜂、捕食螨、绿僵菌、白僵菌、微孢子虫、苏云金杆菌、蜡质芽孢杆菌、枯草芽孢杆菌、核型多角体病毒等技术；采用植物源农药、农用抗生素、植物诱抗剂等生物生化制剂技术。

（3）**理化诱控技术** 包括昆虫信息素（性引诱剂、聚集素等）、杀虫灯、诱虫板（黄板、蓝板）病虫害防治技术。

（4）**科学用药技术** 推广高效、低毒、低残留、环境友好型农药，优化集成农药的轮换使用、交替使用、精准使用和安全使用等配套技术，加强农药抗药性监测与治理，普及规范使用农药的知识，严格遵守农药安全使用间隔期等。

49.怎样实现全程机械化植棉？

全程机械化植棉是指棉花种、管、收全过程皆采用机械化作业的生产技术。化学封顶技术的推广应用，解决了新疆棉花生产全程机械化最后一公里问题。新疆棉花已完全实现全程机械化生产，包括机械化整地及机械化布管、覆膜、播种、覆土、中耕除草、化控、病虫害防治、化学封顶、脱叶催熟、采收等。全程机械化植棉大幅度提高了劳动生产率，增加了规模效益，实现了高效管理。棉花生产管理由每亩用工30～40个，减少到目前的5～7个，与人工采收相比，机械采收费是人工拾花费的20%～30%，不仅减少了拾花费，还减轻了劳动强度、提高了采收进度。

（1）**全程机械化技术装备** 棉花生产全程机械化装备包括联合整地机、平地机、喷雾机、采棉机（贵航、约翰迪尔、凯斯、钵释然、天鹅机型）、棉秆还田粉碎机（水平刀式和横轴式粉碎机）、残膜回收机（春播前残膜回收机、苗期揭膜回收机、秋后残膜回收机）等一大批关键性作业机械装备。新疆植棉机械化装备水平走在全国前列，解决了制约棉花生产发展的劳动力短缺和劳动力成本高的问题，对解放生产力、促进棉花生产方式的转变发挥了重要作用。

（2）**全程机械化栽培关键技术** 指新疆棉花生产全程机械化下的农机农艺结合，实现农机农艺综合配套的机械化栽培技术。包括机械化整地技术，机械化布管、覆膜、播种、覆土技术，机械化播种技术，机械化中耕除草技术，机械化植保施药技术，机械化采收技术，机械化棉秆粉碎还田技术，机械化残膜回收技术等。

机械化整地技术要求适墒适期整地，达到整地深度均匀一致，耕后地表平整、地头整齐，土壤达到墒、平、齐、松、碎、净六字标准。

机械化棉秆粉碎技术要求切碎长度合格率90%以上、留茬高度<8cm、机走速度6～8km/h。

机械化布管、覆膜、播种、覆土技术要求滴灌带纵向拉伸率<1%、滴灌带与种行保持一致性距离、膜沟明显、地膜纵向拉伸适中、覆土轮转动灵活、穴粒数合格率>90%、空穴率<3%、设置好高度保障播种深度。

机械化中耕除草技术要求耕后地表松碎、平整、不拖堆不拉沟、不埋苗伤苗压苗。

机械化植保施药技术要求将药剂均匀喷施在棉花器官表面、保障药剂使用时间合理、药剂附着力高、保障施药效果安全和具有较高生产率。

机械化采收技术要求每天采收6.67～13.33hm²、采净率>95%、籽棉含水率<10%、机损率<10%、行走速度控制在0～7.6km/h、作业效率控制在0.7～1hm²/h。

机械化残膜回收技术要求回收率高，尤其对耕作层20cm内的小块残膜回收率高。

50. 新疆棉田如何施肥？

（1）施肥原则　肥料是棉花生长发育的物质基础，是直接影响棉花产量、品质、效益的关键因素。棉花施肥做到数量适宜、营养平衡、时间准确，才能满足棉花对营养的需求，也才能经济有效。根据棉花需肥规律，在数量、配比、时间上，肥料管理应体现平、巧、重原则。

平：在施肥的配比上应做到平衡施肥。施肥配比不合理，直接导致化肥利用率低。平衡施肥是根据棉花的营养特点、需肥规律、土壤养分状况进行平衡施肥，制定出有机肥料和氮、磷、钾及微量元素等肥料的使用数量、养分比例、施肥时间和施用方法。平衡施肥一般可提高化肥利用率5% ~ 10%，提高产量8% ~ 15%，提高品质。平衡施肥技术包括氮、磷、钾和微肥的适宜用量和比例及适宜的施用时间和方法。肥料施用不平衡、养分比例失调，导致施肥效益下降。施肥上往往重无机肥，轻有机肥；重氮肥，轻磷、钾肥。这种倾向使部分棉田地力下降，氮、磷比例失调，土壤结构不良。根据新疆棉田养分状况，平衡施肥应做到：①新疆土壤有机质含量总体属于低水平，注意增施有机肥，培肥地力。②新疆棉田土壤全氮含量属低水平，土壤碱解氮含量为中等水平，处于缺的范围，应科学增施氮肥。③新疆棉田土壤有效磷含量大多数处于中等或中等偏下水平，应稳施磷肥。④新疆棉田土壤速效钾含量在150mg/kg以上，虽然属于丰的范围，但随着棉花产量的不断提高，从土壤中带走的钾素增多，高产棉田也要合理补施钾肥，建议K_2O施用量以45 ~ 75kg/hm^{2}为宜。

表3-1　棉花各生育期吸收氮、磷、钾的比例

生育期	天数	N（氮）	P$_2$O$_5$（磷）	K$_2$O（钾）
出苗现蕾	45d左右	5%	3%	9%
现蕾开花	25d左右	10%	7%	3%
开花盛花	20d左右	32%	24%	35%
盛花吐絮	30d左右	48%	51%	42%
吐絮收获	60d左右	5%	15%	11%

巧：在施肥的数量、时间、方法上要做到巧施。在时间上，要施好基肥、苗肥、蕾肥、花铃肥、盖顶肥。在数量上，做到

"基肥足，苗肥轻，蕾肥稳，花铃肥重，桃肥补"，为前期的壮苗、慢长、稳长，为中期的多结伏桃，为后期的桃大、质优、防早衰提供保障。在施肥方法上，要"看天、看地、看苗"施肥，有机肥与无机肥相结合，根施与叶面施肥相结合，氮肥、磷肥、钾肥、微肥相结合。

一般苗期需肥量少，占总需肥量的10%～15%。蕾期需肥量倍增，占总需肥量的20%～30%。花铃期需肥达到最高峰，花铃期对氮、磷、钾养分积累占全生育期总需肥量的60%以上。后期需肥量与苗期相同，占总需肥量的10%左右。因此，高产田必须严格控制基肥、苗期、蕾期施肥量，否则造成苗期、蕾期棉花生长过快，群体高度和叶面积过大，对构建高光效的棉花群体结构极为不利。

重：重施花铃肥。花铃肥管理强调保障、重施、及时。花铃期是棉花一生需肥最高峰时期，也是棉田易出现早衰的时期。花铃期对氮、磷、钾养分积累占全生育期总需肥量的60%以上，因此要重施花铃肥。

（2）**按照棉田土壤养分状况施肥**　新疆棉田土壤肥力总体较低，有机质含量维持在较低水平，棉田土壤有机质含量平均为1%左右，其中北疆地区为1.29%～1.35%、南疆地区为0.85%～0.89%。大部分棉田土壤碱解氮含量为中等水平，有效磷含量大多数处于中等或中等偏下水平，有效钾含量虽属于丰的范围，但高产棉田也要合理补施钾肥。

因此，应根据新疆棉田土壤养分状况，针对当前棉花生产中氮肥投入量过大的问题，建议采用"增氮、稳磷、补钾，有针对性使用微量元素"的施肥原则。

（3）**水肥一体化棉田施肥方案**　西北内陆棉区常见施N量为290～380kg/hm²，籽棉产量为4 900～5 600kg/hm²。平均经济最佳施N量为350kg/hm²，籽棉产量为5 200kg/hm²。结合生产实践和节本增效的要求，氮肥（N）施用量为270～330kg/hm²，$N:P_2O_5:K_2O$ 比例为1:0.6:（0～0.8）。

根据近年的试验和示范，按照集中成熟轻简高效栽培的要求，推荐新疆水肥一体化棉田施肥方案如下：

氮肥（N）施用量为270 ～ 330kg/hm²，磷肥（P₂O₅）施用量为120 ～ 180kg/hm²，钾肥（K₂O）施用量为80 ～ 120kg/hm²。高产棉田适当加入水溶性好的硼肥15 ～ 30kg/hm²、硫酸锌20 ～ 30kg/hm²。通常20% ～ 30%氮肥、50%左右的磷钾肥基施，其余作为追肥在现蕾期、开花期、花铃期和棉铃膨大期追施，特别是要重施花铃肥，花铃肥应占追肥的40% ～ 50%。而且在施肥多的花铃期，灌水量也宜相应增大，促进二者正向互作，提高水肥利用率。

51. 新疆盐碱地如何植棉？

新疆盐碱地资源丰富（图3-10）。盐碱地植棉技术指通过盐碱地改良和农艺技术，降低、规避盐碱危害，减轻盐碱对棉花生长发育影响的植棉技术。盐碱地植棉技术以保全苗、促进

图3-10　新疆未开垦的盐碱地

早发、搭丰产架子、防止晚熟为目标，只有综合多项盐碱地植棉技术，才能达到减轻盐碱危害的效果，实现盐碱地棉花丰产、优质。具体包括土壤改良技术、耐盐碱品种选用技术、耕作技术（轮作倒茬等）、干播湿出技术、地膜覆盖技术、晚播技术、压盐洗盐技术、中耕技术、增施磷肥禁用含氯化肥技术、农艺诱导盐分差异分布技术（亏缺灌溉技术）、肥水运筹降低根际盐浓度技术等。

盐碱是新疆棉花生产主要限制因子。据统计，新疆全区盐碱地总面积2 181.4万hm²，在407.84万hm²耕地面积中，受不同程度

图3-11 新疆植棉开发的盐碱地

盐化危害的面积占30.12%。盐碱地植棉技术对新疆棉花生产可持续发展具有重要意义（图3-11）。

盐碱地植棉首先要明确土壤盐碱含量高低，对于重盐碱地，首先要改良土壤、培肥地力再植棉，主要采取整体降低土壤盐碱含量的工程治理改良措施。对于中度和轻度盐碱地，可边植棉、边治理，主要采用抑盐、抗盐的各种农艺耕作技术措施。

整体降低盐碱含量的工程技术措施：利用有效的工程技术（修建排水设施等）和盐碱改良产品对盐碱地进行土壤改良后植棉，是对盐碱地进行以治水改土为中心的综合治理，如开沟挖渠，加速淋盐排盐，促使土壤淡化。

抑盐、抗盐的技术措施：选用抗盐碱品种，包括选用种子生活力强、出苗好、幼苗生长健壮的耐盐品种；改进耕作制，采取轮作倒茬、种植绿肥培肥土壤、深翻压草等措施改良土壤盐碱；播前耕耙整地深翻，灌水压盐洗盐，降低播种层土壤盐分；地膜覆盖栽培抑盐效果尤为明显，有利全苗、壮苗和早发早熟；加强苗期中耕，保持地面疏松，防止土壤返盐；增施农家肥改善土壤结构，增强土壤通透性，促进淋盐，抑制返盐；增施磷肥，调整氮、磷比例，盐碱地一般有效磷含量低，补施磷肥，同时磷肥可提高棉花抗盐能力；大田条件下开沟起垄沟畦种植模式可以诱导盐分在根区的差异分布，实现沟播躲盐，同时在沟畦上覆盖地膜，依靠地膜的增温保墒作用，促进棉花成苗和生长发育的效果会更好。

52. 什么是棉田膜下滴灌技术？

膜下滴灌技术是指在地膜下面利用滴灌设备进行灌溉的技术（图3-12）。该技术是将滴灌节水与农艺覆膜节水相结合的节水技术。根据灌溉定额和滴头流量、滴头间距、湿润峰区宽度深度、淡化区和垂直压盐区等控制技术，设计滴灌制度，

图3-12　新疆滴灌棉田（缺苗地头显示滴灌带）

确定滴灌量、滴灌时间、滴灌频次。目前滴灌棉田全生育期滴灌8 ～ 12次，每亩滴灌量250 ～ 300m^3，每亩每次滴灌量15 ～ 40m^3。膜下滴灌技术一是水分利用率高，节水效果显著，每亩节水40%以上，水产比可由原来0.2 ～ 0.7kg/m^{3}提高到1.0 ～ 1.5kg/m^3；二是减少了棉田开沟追肥和水后中耕等作业程序，减少了农区、毛渠等灌溉渠道，提高了土地利用率，显著降低成本、提高产量和植棉效益。

膜下滴灌已成为新疆棉花主要灌溉方式。膜下滴灌技术是棉花灌溉方式的革命，取代了大水漫灌、沟灌等传统灌溉方式，并引发了其他技术变革，为干旱地区发展高效节水灌溉技术开辟了一条新路，对水资源的可持续利用、经济的可持续发展具有重要意义。

53. 什么是智能化植棉技术？

智能化植棉技术是指采用信息化装备技术和农艺气象大数据

结合（包括遥感技术、光谱图像识别技术、农艺气象大数据技术、信息数字化技术），通过智能感知、智能识别、智能分析、智能决策，对棉花种管收生产全要素进行监测调控、管理决策的技术。棉田智能化管理关键技术包括智能化整地播种技术、智能化水肥药调控技术、智能化棉花网络化管理技术、智能化棉情识别预测决策技术、智能化平台管理技术、智能化采收监测技术等。

智能化管理的技术优势突出表现在绿色、高效、精准、安全、可靠。智能化控制系统，不但能完成传统农机的耕作、收获、灌溉和病虫害防治等作业，还可进行土壤信息采集、农作物产量信息采集等工作，为精准农业的实施提供技术支撑。智能化农机能根据作业的需求变化进行自动调整、控制，减少了许多人工操作，不仅降低了操作人员的劳动强度，还拥有很高的作业效率，可根据作业环境和对象变化自动调整工作状态，并始终处于良好的技术状态下作业，加之具有自动保护功能，因而安全性和可靠性较传统农机高。智能化植棉技术已在新疆棉花生产中广泛应用，智能手机已经成为棉田管理的助手。随着棉田智能化技术的应用，人们对棉花种子、土壤、水分、害虫、施肥、杂草等进行精细管理，棉田上的数字变革必将产生显著的经济、社会和生态效益，对新疆棉花生产绿色高质高效发展具有特殊重要意义。

（1）棉花水肥智能调控技术　水肥智能化调控技术是指采用高精度土壤温湿度传感器，远程在线采集土壤墒情，以此来实现墒情（旱情）自动预报、灌溉用水量智能决策、远程/自动控制水泵电机等灌溉设备的变频运行；通过工控机智能管理平台选择灌溉方式，实时监测整个灌溉过程，获得棉花最佳灌溉时间、灌溉水量及灌溉频次的技术。新疆棉花生产已实现水肥智能化调控。

与传统的人工控制方式相比，水肥智能化调控技术具有更加节水、省时、省工、省力等诸多优势。目前膜下滴灌系统多采用手动操作，仍需人员频繁往返于田间手动开关球阀，使灌溉系统的运行管理成为一项繁重的劳动。通过现代控制技术实现对传统膜下滴灌节水灌溉技术的再升级，为节水灌溉创造更多的发展空间，实现灌溉系统的智能化，比常规膜下滴灌减少用水量，节水15%，增产11.5%，提高灌溉均匀度20%。

（2）**棉田智能化农机管理技术**　智能化农机管理技术是指利用GPS自动导航、图像识别技术、计算机总线通信等技术来提高农机的操控性、机动性和人员作业舒适性的农机管理技术。棉花智能化农机管理技术包括：智能化播种机械，能根据播种期田块的土壤墒情、生产能力等条件的变化，精确调控播种机械的播种量、开沟深度、施肥量等作业参数；智能化喷药机械，能提高农药利用率，减少对土壤、水体、农作物的污染，保护生态环境；智能化施肥机械，可以在施肥过程中，根据作物种类、土壤肥力、墒情等参数控制施肥量，提高肥料利用率；智能化采收机械，既可显著提高采收效率，又可实时测出棉花的含水量、产量等技术参数，形成作物产量图。

54. 新疆棉田如何实现集中成熟植棉？

集中成熟植棉技术是针对机采棉一次性集中采收需要，采用综合调控技术，实现棉花集中现蕾、集中开花、集中成铃、集中吐絮的植棉技术。集中成熟植棉技术是机采棉农机农艺结合的重要配套技术。集中成熟植棉技术以新疆矮密早栽培、气候变化和实现棉花集中成铃期与成铃最佳光热季节及肥效高峰期三者的高度同步为基础，是矮密早栽培技术的变革和发展。种植管理上主要通过选择适宜品种、水肥调控和化学调控实现集中成熟。

（1）**集中成熟植棉关键技术**　包括集中成熟品种选择技术、集中成熟水肥调控技术、集中成熟化学调控技术。集中成熟品种选择技术要求选用的品种具备集中现蕾、开花、成铃、吐絮特性，北疆品种生育期<125d，南疆品种生育期<130d；集中成熟水肥调控技术要求水肥的调控在调控时间、调控量、调控周期上有利于实现棉花集中现蕾、开花、成铃、吐絮的生长发育目标；集中成熟化学调控技术要求化学调控有利于塑造更加适宜机采的棉花群

体个体结构，有利于形成集中成熟的棉花生长发育进程（早发、早现蕾、早开花、早成铃、早吐絮、早搭丰产架子、现蕾集中、开花集中、成铃集中、吐絮集中、盛蕾盛花盛铃期早），有利于更好地实现棉花化学封顶和脱叶催熟。

（2）**集中成熟品种选择**　应选择具备铃期短（铃期50～55d）、早熟性好（生育期北疆<125d、南疆<130d），霜前花率>90%，果节数适中（单株果节数15～20个），现蕾、开花、吐絮早，盛蕾、盛花、盛铃期早，有限生长特性突出的品种。

（3）**集中成熟植棉调控目标**　棉花很多器官的很多性状[如现蕾期、开花期、成铃期、吐絮期、有限生长、断花、封尖（枝尖）等]都是和集中成熟密切相关的性状，其中集中现蕾、集中开花、集中成铃、集中吐絮是棉花集中成熟调控的关键性状。明确这些关键性状指标，对实现集中成熟调控具有重要作用。

集中现蕾调控目标：要求初伏时节蕾满枝。6月10～15日达到盛蕾期，相邻果枝同节位蕾的现蕾间隔时间在3d以内，同果枝相邻果节蕾的现蕾间隔时间在5d之内。

集中开花调控目标：要求8月初花上梢。7月15日达到盛花期，7月中旬50%棉株的花位在第四台果枝，花位进程平均4d上升一个果枝，8月初开花到顶，相邻果枝同节位的花蕾开花间隔时间在3d以内，同果枝相邻节位的花蕾开花间隔时间在5d之内。

集中成铃调控目标：要求入秋时节铃上顶。7月上旬单株有可见幼铃1～2个。7月下旬50%棉株的铃位在第四台果枝。铃位进程平均8～10d铃位（露出苞叶的可见幼铃）上升一台果枝。相邻果枝同节位可见幼铃的间隔时间在3d以内，同果枝相邻节位的可见幼铃的间隔时间在5d之内。

集中吐絮调控目标：要求脱叶时节絮压脚，采收时节絮满枝。喷洒脱叶催熟剂时棉株30%以上棉铃开裂吐絮，达到脱叶时节絮压脚。南疆9月中旬50%棉株絮位在第二台果枝以上，北疆9月初50%棉株絮位在第二台果枝以上。相邻果枝同节位棉铃吐絮的间隔时间在3d以内，同果枝相邻节位棉铃吐絮的间隔时间在5d

之内。喷施脱叶催熟剂10d、15d、30d后吐絮率达65%～75%、85%～95%、95%～100%，采收时吐絮率＞95%。

（4）集中成熟化控技术　集中成熟化学调控目标是塑造更加适宜机采的棉花群体个体结构，形成集中成熟的棉花生长发育进程，更好地实现棉花化学封顶和脱叶催熟。

集中成熟塑形调控：重点在苗期、盛蕾期、花铃期合理使用缩节胺塑形。

集中成熟生长发育调控：一是在苗期进行化控，实现促早发、早现蕾。以缩节胺调控为主，化控2～3次，分别在出苗期和2～7片真叶期，每亩用缩节胺0.5～1.0g叶面喷施。僵苗棉田辅助喷施赤霉素水溶液。二是在蕾期化控，实现早搭丰产架和早开花，蕾期化控2～3次，每亩缩节胺用量1～1.5g，旺苗棉田用量1.5～2g。三是在花铃期化控，实现开花集中、成铃集中，分别在打顶前后化控，每亩用缩节胺3g左右，盛花期化控每亩喷施缩节胺6g左右。四是在断花期后化控，实现集中成铃，每亩用缩节胺6～8g。五是在7月上中旬打顶时，以时到不等枝、枝到不等时为原则进行化学封顶，平均果枝台数8台左右时，喷施化学封顶剂，选用25%氟节胺悬浮剂第一次用药量1.2kg/hm^2、喷液量450kg/hm^2，第二次用药量1.8kg/hm^2、喷液量600kg/hm^2；40%氟节胺悬浮剂，第一次用药量0.9kg/hm^2、喷液量450kg/hm^2，第二次用药量1.5kg/hm^2、喷液量600kg/hm^2；98%甲哌鎓粉剂＋液体助剂，用药量0.225kg/hm^2，加液体助剂0.15kg/hm^2、喷液量450kg/hm^2。六是在8月底至9月上中旬进行脱叶催熟。选用脱落宝450g/hm^2＋乙烯利1050g/hm^2；脱吐隆150g/hm^2＋乙烯利1050g/hm^2，气温低时或长势较旺棉田适当加大乙烯利用药量；噻苯·敌草隆悬浮剂（540g/L）180～225ml/hm^2＋乙烯利1050～1500ml/hm^2；噻苯隆悬浮剂（50%）600～675ml/hm^2＋乙烯利1050～1500ml/hm^2；噻苯·乙烯利悬浮剂（欣噻利，50%）1350ml/hm^2＋900ml/hm^2（推荐使用2次，间隔5～7d）。

（5）棉花集中成熟水肥调控技术　集中成熟水肥调控调控技

术重点一是在水肥的调控时间、调控量、调控周期上做到合理优化；二是根据新疆棉花蕾、花、铃的生长发育规律合理用水用肥，实现棉花集中现蕾、开花、成铃、吐絮的生长发育目标。

棉花集中成熟水的调控：一是滴灌好头水。在盛蕾期滴头水，水量适中，每亩滴水25m³左右，满足盛蕾期集中现蕾需要较多水分的要求。二是滴好盛花水。7月中旬盛花期保障滴水，水量要大，每亩滴水35m³，满足盛花期集中开花对水分的需求。三是滴好断花水。8月10号左右断花期滴水，以保障田间土壤持水量稳定在75%左右为标准，以少滴为原则，确定具体滴水时间和滴水量，既满足蕾、花、铃发育需要，又有利于更好地实现断花。四是做好停水。以适时早停水为原则，8月25号左右适时停水，滴水量以保障棉田土壤持水量65%～70%为原则，每亩滴水量30m³。五是以花位和铃位为依据，做好水的调控。花位低、开花速度慢时，推迟滴水时间、降低滴水量，花位超过适时花位、开花速度过快时，及时滴水并加大滴水量。

棉花集中成熟肥的调控：一是正常情况下，根据不同产量棉花施肥方案合理施肥，保障棉花适时现蕾、开花、成铃、吐絮。二是对晚发棉田、疯长棉田、贪青晚熟棉田要适当减少肥料投入，促进现蕾、开花、成铃、吐絮，防止大肥导致延迟现蕾、开花、成铃、吐絮，不利于集中成熟。三是以棉花群体结构、花位和铃位为依据，做好肥的管理。花位低、开花速度慢时，适当降低施肥量，花位超过适时花位、开花速度过快时，及时追肥。

55.什么是塑形植棉技术？

塑形植棉技术是指通过栽培模式、水肥调控、化控、打顶（封顶）等手段，按照栽培需要，对棉花群体和个体形态结构进行调控，塑造有利于栽培需要的群体个体结构的技术。塑形植棉技术一是以改善功能为目标构建合理群体结构，改善群体通风透光环境，增加光合面积、光合时间及光合能力，促进养分形成，加速养分供应，减少冠层荫蔽，减少落蕾落铃的塑形；二是以适宜机械化采收为目标的塑形；三是以构建高产优质株型为目标的塑形；四是对重要器官的塑形。

高产棉花苗期塑形：塑造矮、稳、敦高产结构。即脚矮、稳健、敦实。具体指标为株高控制在18～20cm，现蕾前株宽>株高，宽高比2.5，现蕾时宽高比1，红茎比0.4～0.5，主茎节间长度3～4cm，叶片数6片，叶面积指数0.3左右，主茎日增长量平均在0.45cm/d，主茎叶龄日增长量平均在0.2片/d。

高产棉花蕾期塑形：塑造多、快、匀的生殖结构。一是塑造果枝、果节、花蕾数量多，空间分布合理，营养生长与生殖生长协调的结构。在6月底7月初，果枝数平均达到7～9台，单株外围果节数平均2～4个，单株蕾数平均15～18。二是塑造早搭丰产架子结构。主茎日增长量为1.26cm/d左右，盛蕾期株高30cm左右，开花时株高40cm左右，6月中下旬能够开花。三是塑造群体个体均匀的结构。该时期棉花节间生长、群体结构、个体大小均达到均匀一致，主茎节间长度平均3～5cm，不宜过长，也不宜忽长忽短，叶龄日增长量大于0.2片/d。

高产棉花花铃期塑形：塑造低、优、迟的群体结构。一是塑造脚花压底、腰花满身、顶桃盖顶的成铃结构，7月上中旬已有可见铃2～3个，7月下旬单株结铃应达到3.5～4个，蕾铃脱落率低。二是开花进程合理，花铃发育与高能辐照同步，多结优质桃。花铃期叶龄日增长量大于0.13片/d。主茎日增长量大于1.46cm/d，花位合理，6月下旬开始开花，7月中旬花位中上部，8月初花上梢，群体质量优。三是封行期推迟，棉花大行似封非封，有缝隙，群体稳健，田间通风透光好，病虫害少。

高产棉花后期塑形：塑造长、早、透的功能结构。一是塑造棉花叶功能期长，倒三台果枝长，8月下旬至9月初，叶色不老相也不嫩，叶色褪绿慢，群体光合下降平稳，保持正常叶功能，棉田不早衰也不旺长，倒三台果枝有5～6个果节，形成2～3个棉铃，对稳产、高产具有重要作用。二是花位进程快，吐絮早，8月初花上梢，8月上中旬达到红花满田，8月上旬保证有5～7个及以上伏前桃和伏桃，8月下旬至8月底，棉田见絮。三是群体结构通风、透光，中后期是棉花群体最大时期，也是群体逐渐回落时期。群体高度不宜超过90cm，赘芽少，棉花大行保留缝隙，白天棉田冠层下部有光斑。

机采棉花塑形目标：塑造有利于一次性采收，脱叶落叶好，采净率、采收率、采收品质好的棉花功能群体株型结构。一是塑造两高的株型结构，第一果枝节位高度>20cm，株高90cm；二是塑造合理群体密度，种植密度控制在每亩1.3万～1.5万株，棉花后期大行保留缝隙；三是塑造下部果枝短、中上部果枝略长、果枝夹角小的较紧凑型结构；四是塑造集中成熟性好的棉花生长发育结构和成铃结构。

🌸 56. 什么是化学封顶技术？

化学封顶技术是指利用植物生长调节剂抑制顶端分生组织的分裂及伸长，延缓或抑制棉花顶尖和果枝枝尖的分化速率，限制棉花无限生长习性，调节营养生长与生殖生长，塑造棉花理想株型，从而达到替代人工打顶的技术。化学封顶解决了棉花全程机械化最后一公里问题，有效减轻人工劳动强度、提高作业效率、节省植棉成本、提高棉花种植机械化水平和棉农收益，加速了棉花生产轻简化。化学封顶技术正在棉花生产中大面积推广应用。

化学封顶剂有两种类型，分别是氟节胺复配型（主要成分氟节胺，N–乙基–N–2，6'–二硝基–4–三氟甲基苯胺）和缩节胺复配型（主要成分缩节胺，1，1–二甲基氮杂环己基氯化物）。研究实验和大面积推广应用表明，以植物生长延缓剂DPC和植物生长抑制剂氟节胺为有效成分的调节剂产品都具有较好的化学封顶效果。目前应用的化学封顶制剂有25%氟节胺悬浮剂、40%氟节胺悬浮剂、98%甲哌鎓粉剂+液体助剂。

化学封顶及施药条件：应选择晴好天气，风速不大于二级时施药，避免中午最热时间喷药；25%、40%氟节胺悬浮剂施药后5～7d内停水停肥；98%甲哌鎓粉剂施药后3d内不宜浇水施肥；严禁与含有激素类成分的农药和叶面肥（芸薹素内酯、胺鲜酯、磷酸二氢钾、尿素等）混用，可与微量元素（硼、锰、锌）混合使用。

化学封顶剂施药时期：25%、40%氟节胺悬浮剂需施药两次，在棉花蕾期和初花期使用，第一次施药时间在棉花蕾期、5台果枝开始施药，第二次施药时间在棉花初花期、8台果枝开始施药；98%甲哌鎓粉剂需施药一次，施药时间在棉花初花期至盛花期、8～9台果枝开始施药。

化学封顶剂用药剂量：25%氟节胺悬浮剂，第一次用药量1.2kg/hm^2、喷液量450kg/hm^2，第二次用药量1.8kg/hm^2、喷液量600kg/hm^2；40%氟节胺悬浮剂，第一次用药量0.9kg/hm^2、喷液量450kg/hm^2，第二次用药量1.5kg/hm^2、喷液量600kg/hm^2；98%甲哌鎓粉剂+液体助剂，第一次用药量0.225kg/hm^2，加液体助剂0.15kg/hm^2、喷液量450kg/hm^2。施药时喷杆距棉株顶部高度均为25～30cm。

57. 化学封顶与人工打顶有什么差异？

人工打顶是通过人为去除棉花顶端优势的方式达到抑制植株生长的目的；化学封顶是利用生长调节剂对棉花顶尖生长进行强制延缓或抑制，有效抑制茎尖生长。化学封顶对茎尖的抑制需要时间；人工打顶对茎尖抑制时效性显著。化学封顶中下部成铃相对较高；人工打顶顶部成铃相对较高。人工打顶成本高、劳动强度大、效率低；化学封顶成本低、效率高，化学封顶较人工打顶亩节省成本80～100元（图3-13）。

要实现化学封顶的优势，必须搞好相应的配套技术：一是封顶前后控制氮肥及灌水量以稳定封顶效果；二是封顶稳定后，保证水肥供给，保障顶部成铃，防止封顶剂对顶部成铃造成不良影响；三是化学封顶7～10d后若棉株仍旺长，需喷施缩节胺（97%，粉剂）150～225g/hm^2。

图3-13　棉花化学封顶（左）和人工打顶棉株（右）

58. 什么是棉花无人机飞防技术？

棉花无人机飞防技术是指利用无人机，通过地面遥控实施喷洒药剂作业，实现空中喷施药剂防控病虫草害的棉田施药管理植棉技术。无人机飞防关键技术包括无人机遥控技术、无人机田间作业技术规程标准、无人机用药配药技术、无人机GPS定位技术等。

无人机飞防技术与人工和地面机械施药相比具有高效、节水、安全、便利等优势。特别是无人机雾滴细，药液的覆盖率高，渗透性好，药效高且用水量少，药效期长。作业效率是目前植保机械的8倍多，是传统人工的30倍，每小时可防治$2.67 \sim 4hm^2$，可节省90%的水和50%的农药，农药有效利用率达35%以上，同样作业面积的耗油量少、效益高。防治效果好，作业高度$2 \sim 4m$，飘移少，旋翼产生的向下气流有助于提高雾流对作物的穿透性，减轻农药对环境的污染。

棉花植保无人机的引入开辟了棉花病虫害防治社会化服务的先河，为棉花有害生物防治模式探索出了一条新的道路。无人机飞防技术具有垂直起降、低空作业、喷防精准等诸多优点，加之已具备的超低量施药技术和自动导航技术，可在全程防控棉花病虫害及棉花生长调控中发挥很好的作用。具体要求如下：

选择晴朗无风的天气进行飞防；飞防宜在清晨或傍晚田间没

有露水时进行，喷施后10h内下雨则需要重新喷雾；选择适合植保无人机喷洒的农药剂型，包括常规剂型和低容量；飞防作业时，植保无人机距离棉花顶部的高度以1.0 ~ 2.5m为宜，应保持直线行驶，作业时通常应保持在3 ~ 6m/s匀速飞行，喷幅在4 ~ 6m；喷液量每公顷18 ~ 30L，对棉株上中下部叶片均匀喷雾；棉花叶片上沉积的雾滴数量以不少于15个/cm²、药液雾滴粒径100 ~ 300μm为宜；无人机作业区应远离养殖场、学校、医院及居民生活区，远离水源地、牧草地及其他生态敏感区，作业100m范围内无高压变电站、高压线等设施；无人机作业区与其他非喷雾作物区之间的间隔带应不小于15m的宽度，以避免非作业区作物受到药剂影响。

59. 什么是GPS导航植棉技术？

GPS导航植棉技术是指通过卫星和信号基站定位，对棉花播种、采收机械安装控制系统并设定车辆行走路线和导航模式，实现无人驾驶的农机播种和采收植棉技术。

GPS导航技术提高了农业机械作业质量、效率，实现了无人驾驶，节省了人工，与人工驾驶播种相比，可提高播种工效30.8%，播行接幅准确率达到±（2.0 ~ 2.5）cm，提高机采采净率1.5%。

GPS导航技术在棉花春播工作中已广泛应用。GPS导航植棉技术带有支持智慧农业的技术设备，除了带有GPS定位系统和产量自动计量的联合采棉机外，还有控制播深和播量的精密播种机及控制施药量的施药机。GPS导航技术显著提高了机械作业效率、质量和自动化程度，具有良好的发展前景。

60. 如何解决棉田残膜污染问题？

因长期采用地膜栽培，棉田耕地中的残膜含量高，已形成严重的白色污染，对棉花生产造成严重影响。一是影响棉田生态环境，破坏了土壤理化性质，降低了土壤透气透水性，残膜进入土壤或水体，造成二次污染，也影响生活景观；二是对棉花生长发育造成严重影响，影响了棉花播种质量、种子发芽、根系下扎，影响了棉花对养分和水分的吸收；三是影响了棉花产量、质量，农膜碎片混入棉花中成为"异性纤维"，将损害纤维品质，降低棉花及棉制品经济价值；四是影响了棉花生产绿色可持续发展和棉农增产增收，残膜焚烧和长期滞留在生态环境中将产生大量有毒有害气体与物质，对人体健康、生态环境造成较大危害。

国家高度重视农田残膜污染问题。为解决棉田残膜污染问题，在最早人工回收残膜基础上，目前已研发形成棉田残膜回收技术，包括农艺技术、新型生物降解膜替代技术、地膜机械化回收技术(图3-14)，对解决棉田残膜污染，促进棉花生产绿色可持续发展提供了技术支持。残膜农艺防控技术包括减量覆盖覆膜技术（半膜栽培、膜侧栽培等）、适期揭膜技术（生育期内头水前揭膜等）、替代覆膜技术（耕作、栽培、品种、秸秆等）；新型地膜替代普通PE地膜技术包括使用加强加厚型地膜、生物降解膜等；残膜机械化回收技术包括使用播前残膜回收机、收后残膜回收机、生长期

图3-14　棉田残膜机械回收

残膜回收机进行残膜回收。目前残膜回收存在的主要问题是残膜回收成本高、效率低、回收率低，特别是对耕作层20cm内的小块残膜回收难和回收的残膜利用价值低等问题。随着残膜回收技术的不断成熟完善、政策的配套、技术进步等，棉田残膜问题一定能够得到有效解决。

（本章撰稿：李雪源、王俊铎、郑巨云、梁亚军、龚照龙）

第四章
长江流域棉花集中成熟轻简栽培问答

长江流域棉区是我国三大棉区之一，传统套种（栽）春棉模式难以实现棉花集中成熟和机械化栽培，用工多、机械化程度低。本章根据该区生态特点和大力发展夏直播棉的需求，重点介绍了棉花直密矮种植、棉油（麦）双直播、免整枝、轻简施肥、集中成熟等关键技术。旨在通过这些技术，提高该区机械化植棉水平，促进该区棉花生产轻简省工、节本增效。

61. 长江流域棉区有哪些气候特点？

本流域棉区主要分布在103°E—120°E、22°N—23°N，属亚热带湿润气候，一年四季分明。温度、降水量、日照时数等气象因子有以下基本特点：

（1）**温度** 常年日平均气温14～18℃，呈东高西低、南高北低的分布趋势，最低值出现在1—2月，3月地温开始稳定回升，4月24日后地温会回升到15℃以上，5月6日至6月10日地温一般稳定在20℃左右，7月20日至8月20日间出现高温极值。

（2）**降水量** 全年降水800～2 400mm，常年1 200mm左右，主要集中3—8月，连续最大4个月降水量占全年降水量的50%～60%。

（3）**日照时数** 常年日照1 900h左右，月均133h，日均4.6h；10—12月阴雨日少，日均日照时数高于年均值。

62. 长江流域棉花生长发育有哪些基本规律？

长江流域种植的棉花一般为陆地棉品种，生长发育温度为15～38℃。地温15～33℃时种子能正常发芽，气温19～30℃正常现蕾，20～38℃正常受精。土壤墒情适宜的条件下，早播棉花地温偏低出苗需8d，晚播棉花地温升高至23℃左右，出苗只需3d。该流域常年棉花出苗至现第1片真叶约需8d，出苗至现蕾约需23d，现蕾至开花约需28d，开花至铃成熟（种子及纤维发育）约需40d，铃成熟至吐絮约需20d，全生育期约120d。正常年份大田直播始播期为4月25日左右，终播日期为6月10日左右。

63. 长江流域棉花绿色轻简栽培应遵循哪些基本原则？

棉花绿色轻简栽培应遵循三大原则：

（1）**绿色种植原则**　根据棉花生长发育规律、气候变化规律、有害生物滞长规律，以棉苗为中心，做好化肥农药减量施用管理。

（2）**高效种植原则**　以棉农效益植棉为中心，开展省工、省力轻简技术推广应用工作，实现适度规模植棉。

（3）**提升原棉品质原则**　通过"优质品种推广、矮化株型塑造、集中成铃时空优化"等成熟技术措施应用，保证80%棉铃在10月5日至11月20日间集中吐絮。

64. 长江流域棉花种植有哪些技术？各有哪些主要特点？

长江流域为我国棉花生产优势产区，光、热、水资源丰富，为麦(油)棉两熟种植区。20世纪80年代前采用毛籽直播技术植棉，该技术因用种量大、人工除草用工多、麦(油)棉套种单产低，20世纪80年代开始逐渐被棉花营养钵育苗技术替代。2016年开始，该流域棉花种植有3项技术：

（1）营养钵育苗移栽技术　该技术工序繁多，历经翻床调土、制钵摆钵、点籽盖土、苗床管理、打穴栽苗等过程后才能进行后续大田生产管理，1987年开始应用，至今近40年，仍然是该流域主流技术，因其管理繁琐、用工多、劳动强度大、不宜规模化生产等特点，已严重制约了该流域棉花生产。

（2）工厂化基质育苗移栽技术　该技术只改变育苗方式与地点，解决了商业化育苗技术问题，但与营养钵育苗技术比较，先进性没有质的不同，技术应用只限于项目示范区，实际应用面积不大。

（3）直密矮种植技术　该技术包括"精量直播全苗、高密群体增产、矮化株型优铃"3个方面内容，创新了棉花轻简化种植管理工艺，实现了棉花规模效益化种植，与传统棉花种植技术（棉花营养钵育苗移栽）比较，每亩节省人工投入超过400元、减少化肥农药等化学品投入达200元，该技术已深受新型植棉主体欢迎，是该流域棉花种植未来发展方向。

🌀 65.什么是棉花直密矮种植技术？有哪些技术要点？

棉花直密矮种植技术是棉花"精量直播、群体密植、株型矮化"技术的简称（图4-1）。该技术要点包括3个方面：

（1）精量直播　当地温稳定超过15℃、表层5cm土壤持水量为60%～80%时，选用播种机械进行播种，每亩用种量控制在1.5kg以内。

图4-1　棉花直密矮种植技术示范田

（2）群体密植　每隔70～80cm播一行，每隔15～30cm

播一穴，每穴定量落籽2～3粒，每亩定植3 000～4 500穴或4 500～7 000株（播期越迟，密度越大）。

（3）**株型矮化** 棉苗6～9片真叶时期、盛蕾初花期、盛铃期、初絮期，结合虫害防治每亩顺次加用98%缩节胺2g、4g、5g、6g，合理矮化株型，全程免人工整枝打顶，群体主流株高控制在100～120cm。

精量直播简化了棉花生产程序，免去了"翻床调土、制钵摆钵、点籽盖土、弓膜床管、打穴栽苗"等工艺，实现了机械高效播种。根据该流域气候特点，适当推迟播种时间，缩短了种植周期，减少了化肥农药等化学品投入数量。根据棉花生长发育规律，适当提高种植密度，采用避灾种植，优化棉花成铃结构，提高群体成铃效率。株型矮化有效改善了高密群体棉苗通风透光环境，提高了多结优质棉铃效率，实现了棉铃集中吐絮。

66. 棉花直密矮种植选择什么样的品种？

棉花品种是直密矮种植获得效益的关键因子。适宜长江流域麦（油）后直播种植的棉花品种必须具有如下属性：

（1）**生育期适宜** 5月10日至6月5日全苗田块，苗期不能长于45d，蕾期约20d，花铃期约50d，生育期120d左右。

（2）**品种生长发育符合该流域气候特点** 长江流域4中下旬至7月中旬降雨多，气温20～30℃，利于种子发芽、棉苗生长；7月中旬至8月中旬为三伏天，降雨少、气温高，利于花蕾分化；8月中旬至9月中旬，秋高气爽、阳光充足，气温25～33℃，利于棉花开花结铃；9月中旬至11月中旬，雨日少、雨量小，气温20～30℃，利于棉铃开裂采摘。棉花品种必须具有"高温防病、高温增蕾"特性。

（3）**丰产优质** 有效生长期内单株成絮铃不能少于10个，绒长≥29mm，比强≥29cN/tex，马克隆值4.3～5.6。

（4）**易于采摘** 单铃重≥5g，且吐絮集中。

67.棉花备播要做哪些工作？

　　长江流域棉花播种正处于多雨季节，土壤含水量大，杂草旺盛，为确保一播全苗壮苗必须做好3项备播工作（图4-2）：

　　（1）做好清障、灭茬、除草工作　冬闲棉田，4月上旬于晴天用33%草甘膦120ml对水15kg，对准杂草定向喷雾，进行播前化学除草；麦（油）后棉田，前茬

图4-2　棉花油菜两熟开沟备播地块

作物收割后，用灭茬机将秸秆和茬桩轧入土壤内，将地面整平。

　　（2）做好土壤培肥工作　冬闲棉田除草及麦（油）后耕地灭茬后，每亩均匀撒施$N-P_2O-K_2O=25-10-16$复合肥30kg培肥土壤。

　　（3）做好开沟排渍工作　耕地培肥后，每隔2.4 ~ 3.2m用开沟机械开好厢沟，配套开好围沟、腰沟，确保暴雨后水流畅通、厢面无明水。

68.精量播种怎么保证一播全苗？

　　精量播种的主要优点是降低用种量，减轻间苗定苗强度，节约成本，增加收入。棉花精量播种确保一播全苗要注意7方面事项：

　　（1）要进行种子包衣处理　按发明专利"一种棉花毛籽种子加工包衣方法"进行种子包衣处理，提高棉苗质量。

　　（2）要注意土壤温度　播种时土壤表层温度稳定≥15℃，正常年份谷雨后可以播种，最适宜播种时间为5月5日至6月10日。

　　（3）要关注土壤墒情　土壤表层含水量以40% ~ 80%为宜，含水量过高，播种机易堵塞，从而造成漏播影响密度。

　　（4）清沟排渍　棉花播种后遇强性降雨，及时清沟排水，确

保畦面无明水。

（5）**蜗牛防治** 蜗牛重发区，出苗前3d于晴天傍晚，每亩大田用10%多聚乙醛颗粒剂2kg或其他同类药剂撒施防治蜗牛。

（6）**苗病防治** 遇久雨低温年份，选用杀菌剂针对棉花立枯病、炭疽病进行1～2次防治。

（7）**防地下害虫** 地老虎等地下害虫重发年份，齐苗后及时选用针对棉花苗期害虫的杀虫剂进行防治1次。

69. 棉花轻简高效群体如何构建？

合理群体是棉花获得高产的基础，它的构建必须遵循三大原则：

（1）**因地制宜** 肥水条件好、低纬度、低海拔耕地适当稀植，瘦地、高纬度、高海拔耕地可以适当密植。

（2）**因时制宜** 早播地适当稀植，迟播地适当密植。

（3）**因种制宜** 生育期短的品种宜密植，生育期长的品种适当稀植。

长江流域棉花高产高效群体构建主要包括以下几个方面：

（1）**选用适宜品种** 棉株果枝3果节以内，单铃重5.5g以上，衣分在40%以上。

（2）**合理密植** 一般中等肥力地块直播棉花设置适应农机具作业的行距应为70～80cm，株距应为15～30cm，密度每亩4 500～7 000株。

（3）**合理化控** 根据棉花长势合理进行化控，控制群体主流株高100～120cm，塑造高光效株型结构，使棉株呈塔形，增强中下部通风透光率。

（4）**优化成铃** 促进上中部和外围铃增重，提高成铃率，保证单株成铃不少于10个、每亩成铃5万个以上（图4-3）。

图4-3 适合机械采收的棉花高效群体

70. 棉花矮化株型如何塑造？

合理喷施缩节胺是高密群体棉株形态矮化、通风透光条件改善的有效途径，在棉苗6～9片真叶时期、盛蕾初花期、盛铃期、初絮期，结合虫害防治每亩顺次加用98%缩节胺2g、4g、5g、6g进行叶面喷施，能有效控制棉苗增高、果枝伸长速率，且不影响有效果节数量增加，利于棉花高密群体集中成铃（图4-4）。

图4-4 油后直播棉集中成熟单株

71. 为什么直密矮栽培不需要人工整枝？

环境条件适宜，棉花具有无限生长及营养枝正常开花结铃属性。正常年份，长江中游棉区棉株主茎9月1日前现的蕾均能正常开花、结铃、吐絮。人工打顶的棉苗会失去顶端优势，减弱棉花生长营养库源输导动力，导致营养失调、蕾铃生理脱落。去掉营养枝会减少有效成铃数量，减少优质铃比例。直密矮技术执行到位的条件下，群体主流株高控制在100～120cm，且株型更紧凑利于集中吐絮和提高产量，可以免去人工整枝打顶（图4-5）。

图4-5 传统栽培（左）和直密矮栽培单株（右）比较

72.棉花生产如何用好天然降水？

棉花属直根系农作物，功能白须根主要分布于地表下30cm处，抗旱能力相对较强。长江流域降雨主要集中在3—8月，棉花生长期内除做到遇旱及时灌水、遇涝及时排水外，利用好天然降水可以减少棉花生产的劳动力投入。

（1）利用好天然降水适时播种　在适宜播种期内（一般为4月25日至6月5日）会有几场有效降雨，当表层5cm土壤持水量为60%～80%时可抢墒播种，或者土壤墒情不足但预计未来2d内有有效降雨时进行望墒播种。

（2）利用好天然降雨进行追肥　6月下旬至7月中旬是长江中下游的梅雨季节，长江中下游棉区可在7月中旬出梅前棉花的盛蕾见花期进行田间撒施追肥。充分利用好长江流域雨量丰沛优势，做好棉花播前土壤培肥及初花期配方复合肥补施工作，确保棉花7月15日至8月25日快速增蕾、8月5日至9月25日集中开花结铃、9月25日至11月25日集中吐絮。

73.棉花大田生产怎么施肥？

棉花全生育期对氮（N）、磷（P_2O_5）、钾（K_2O）的需求比例为1：（0.3～0.35）：（0.6～0.8）。随着棉花籽棉等农产品的产出，土壤中作物生长所需的矿物质营养会逐年降低。一般而言，每产出100kg农产品干物质，需从土壤中吸收N 9～14kg、P_2O_5 3～5kg、K_2O 6～9kg。根据平衡施肥原理，长江流域中等养分水平麦（油）棉双熟种植田，每年每亩耕种土地需要补施N约18.75kg、P_2O_5约7.5kg、K_2O约12kg。根据棉花生长发育需肥规律及长江流域降雨特点，棉花施肥要遵循"基施为主、旱前补充、配方施用"三大原则，中等肥力棉地推荐施用N-P_2O_5-K_2O=25-10-16复合肥60kg，结合机械清障灭茬基施60%，7月上中旬补施40%。如接茬冬季油菜或小麦，冬季作物齐苗后，立冬前另加施20kg复合肥。

硼是棉花生长发育必需微量元素，棉株缺硼，叶柄会出现环状带，光合作用产生的碳水化合物向幼蕾器官输导受阻，从而导致幼蕾、幼铃脱落。长江流域多数棉田有效硼含量缺乏，施用硼肥可增产14.5%。直密矮技术植棉一般通过种子毛籽包衣时添加和结合虫害防治时叶面喷雾施用硼肥，每亩大田施用有效含量21%硼肥200g，其中种子包衣100g、叶面喷施100g。

74. 棉田主要有害杂草有哪些种类？怎么精准防控？

棉田禾本科杂草以马唐、牛筋草、千金子、旱稗、狗尾草、双穗雀稗草和狗牙根等为主，双子叶杂草以反枝苋、铁苋菜、马齿苋、灰绿藜、苘麻、鳢肠、凹头苋、牵牛和刺儿菜为主，沙草科以香附子和扁秆藨草为主。田间杂草一般有三次出土高峰期，第一个高峰期在5月中旬，在播后苗前施用除草剂可防住这批杂草；第二个出草高峰在6月中旬到7月初，这批是形成棉田草荒的主要杂草，影响最大，用除草剂对杂草萌发出苗高峰期或2~3叶期进行茎叶处理可有效控制；第三个出草高峰在7月下旬至8月中旬，这时棉花已封行，新生杂草对棉花影响较小。棉花种子发芽气候条件与许多杂草生长发育同步，为了有效解决草荒问题，目前主要采用一次芽前除草剂封杀、两次蕾后灭生除草剂杀青共计三次化学除草。芽前封闭除草，一般采用33%二甲戊灵100ml对水15kg，沿棉花播种行定向均匀喷雾，每亩确保药液量35kg。蕾后灭生杀青除草，一般于6月中旬及7月下旬分两次进行，每次选用20%草铵膦100ml对水15kg，选无风天气用背包喷雾器压低喷头定向喷雾杂草进行化学防控。

75. 棉花靶标害虫有哪些种类？怎么精准防控？

棉田鳞翅目害虫主要有地老虎、斜纹夜蛾和棉铃虫，刺吸式害虫主要有棉盲蝽、红蜘蛛、棉蚜、烟粉虱和棉叶蝉。苗期在地老虎3龄前进行喷雾防治,3龄后撒施毒饵防治。出苗后期根据测报,选择相应农药在害虫卵期及低龄期进行防治,依次进行两次重点防治、两次巩固防治。第一次重点防治:6月中下旬至7月上旬,防治刺吸性害虫。第二次重点防治:7月中下旬,防治鳞翅目害虫兼治刺吸式害虫。第一次巩固防治:8月中下旬,防治鳞翅目害虫。第二次巩固防治:9月上旬防治刺吸性害虫兼治鳞翅日害虫。

76. 棉花病害如何防控?

长江流域棉花苗期病害主要有立枯病、炭疽病,蕾期主要是枯萎病、黄萎病。直密矮技术苗病害主要采用毛籽包衣药剂化学防治,枯萎病、黄萎病主要采用适当推迟播种执行避灾预防。

77. 脱叶催熟剂怎么使用?

为使棉花能够集中吐絮以利于集中采收,一般在后期需要喷施脱叶催熟剂(图4-6)。脱叶催熟剂的使用要注意时间和剂量两个方面。

（1）喷施时间　田间棉花自然吐絮率达到40%～60%或上部大部分棉铃的铃期达到40d以上,施药后日最低气温≥13℃、

图4-6　脱叶催熟后的待收棉田

日平均气温≥20℃应保持5d以上,一般为10月中下旬至11月上旬,偏北纬度高棉区酌情提前施用。

（2）药品及剂量　脱叶催熟剂一般每亩使用50%噻苯隆可湿性粉剂50～60g与40%乙烯利水剂150～200ml复配或50%噻苯·乙烯利悬浮剂150～180ml对水30～40L进行喷施。

在掌握上述两个方面基础上还应注意一些使用技巧：

（1）**根据气象预报确定施药期和施药量**　施药期宜选择在降温后气温开始回升之前，应尽量避免在降温之前的高温日施药。气温高，剂量可适当减少；气温低，剂量要适当增加。

（2）密度较大、长势偏旺的棉田，应适当增加药剂用量或者分两次喷施（间隔5～7d）。

（3）施药时要求棉叶无露水、无水珠，一般在上午10点（待温度上升）后进行，应对棉株的上下内外围叶片进行均匀喷雾。

78.怎么做好絮铃分段采收？

长江流域一般在10月中上旬有一次明显降水过程，此时棉花中下部与内部棉铃已吐絮，而中上部和外围铃尚未吐絮。为避免已吐絮棉铃受降水影响而烂铃，应根据天气情况于雨前抢收一次棉絮，并及时晾干出售或做好防潮储存。其余吐絮棉铃可在雨后在枝头充分自然晾干后集中采收。

引导新型植棉主体与当地籽棉收购加工企业对接签约收购，分级籽棉直接交售到收购企业仓库，减少籽棉采摘至交售中间环节，降低种植者仓储及多次转运交售成本，形成生产与销售紧密利益共同体。

79.棉麦双直播如何换茬？

长江流域气候条件有利于棉麦双直播两熟种植（图4-7）。正常年份麦后棉花于6月20日前播种，7月20日左右现蕾，11月20日前必须完成籽棉采摘，否则会影响后茬小麦的适期播种及产量形成。棉后小麦12月上旬前必须完成播种，12月20日后麦苗一定要进入低温春化，否则翌年6月10日前小麦不能成熟收获。因此，棉麦双直播换茬关键要注意如下事项：

（1）**选择好熟性适宜品种**　棉花生育期不能大于120d，小麦

图4-7　麦后直播早熟棉

播种至成熟收割不能超过170d。

（2）抓住农时抢收前作　棉花必须11月底前采收完毕，小麦6月10日前完成收割。

（3）抓住有利天气及时播种　正常年份，棉花、小麦必须分别在6月10日、12月上旬前完成播种。

80. 棉油双直播如何换茬？

棉油双移栽是长江流域传统种植方式，因其不能机械操作导致人工投入多，已不再适应现代农业发展要求，棉油双直播技术成熟应用势在必行（图4-8）。棉油双直播有效换茬是关键技术，必须做好以下工作：

（1）配制好棉油行距　以3.2m为单元做好开沟整厢工作，采用11211(1行油菜1行棉花2行油菜1行棉花1行油菜)种植棉式，确保棉花行距0.8m、油菜行距0.4m。

（2）做好播前化学除草工作　棉花按精量直播全苗要求严格执行，棉田直播油菜前要用草铵膦进行一次化学除草。

（3）适时棉田直播油菜　长江流域油菜播种时间以9月上旬

至11月上旬为宜，此时棉花处于吐絮期，油菜直播只能借助手推机或无人机或人工在棉田中进行，透雨前播种，每亩用种量250～500g（播期越迟用种量越大）。

（4）及时机割灭茬　油菜荚八成熟时可抢晴天机械收割并灭茬腾地直播棉花。

（本章撰稿：柯兴盛、聂太礼、刘帅、白志刚、张丽娟、陈俊英）

第五章
黄河流域棉花集中成熟轻简栽培问答

黄河流域棉区是我国三大棉区之一，既有一熟制、两熟制棉田，也有盐碱地、旱地棉田，还有套种、间作棉田，种植制度、栽培模式多种多样。本章根据该区生态特点和生产需求，重点介绍了一熟制纯作春棉、两熟制夏直播棉和棉田宽幅间作棉花的集中成熟轻简栽培技术，包括免定苗、免整枝、水肥轻简运筹、集中成熟等关键技术，为棉花全程轻简化机械化生产提供技术支持。

81. 黄河流域棉花有哪些种植方式和特点？

黄河流域棉区是我国三大主要产棉区之一，主要包括山东、河北、河南、山西南部、陕西关中、甘肃陇南、江苏和安徽两省的淮河以北地区和北京、天津两市的郊区。该区地处半湿润季风气候区，无霜期180～230d，≥10℃积温4 000～4 600℃；年降水量500～1 000mm，但降水分布不均，且年际间和年内变幅大；全年日照2 200～3 000h，较为充足，年均日照率为50%～65%，热量条件较好。基于该区域的生态条件及棉花的生育特点，该区种植制度和种植模式复杂多样，既有一年一熟的纯作棉花，也有一年两熟甚至多熟的套种、连种棉花，还有多种形式的间作棉花。

主要的种植方式如下：

（1）一熟制纯作春棉　指同一块土地上一个完整的生长期间只种植棉花一种作物的种植方式。该模式主要采用晚、密、简模式种植，即选用中早熟的常规春棉品种，如鲁棉28、鲁棉37和鲁棉522等，于4月20至5月5日覆膜播种，出苗后及时放苗、间苗、定苗，每亩留苗数控制在4 000～6 000株，全程采用轻简化管理。收获环节可进行人工集中收获，有条件的地方可以采用机械一次采收。

（2）**短季棉晚春播**　指选用优质早熟短季棉品种，在5月中下旬视降雨情况，择期整地造墒，利用机械直播短季棉的一种种植模式。该模式适用于盐碱旱薄地，可有效解决该类棉田季节性缺水问题，播种后自然出苗，出苗后不间苗、不定苗，密度控制在每亩6 000～8 000株，全程采用轻简化管理，后期经脱叶催熟，采用机械一次收获。该模式在减免地膜使用的同时，能够极大地减少肥药用量。

（3）**套种春棉**　分为套栽春棉和套播春棉。该模式多在鲁西南两熟制棉区采用。该棉区的光热水资源充足，在小麦和大蒜播种时预留套种行，于4月底至5月初在预留行移栽或套播春棉，多采用4行小麦套种2行棉花配置。该模式能够确保春棉足够的生育期，棉花获得高产，但该模式多依靠人工操作，用工多、劳动强度大，不适合机械化作业。

（4）**套播短季棉**　指在小麦或大蒜预留播种行内机械直播短季棉的一种生产方式。该模式预留行过窄、遮阴较为严重，造成棉花苗期生长慢、苗弱晚发；预留行过大则占麦田面积过大，导致小麦减产严重、效益降低。

（5）**两熟直播短季棉**　指在大蒜、小麦、饲草作物等收获后，及时清茬整地、机械直播短季棉的一种生产方式。该模式解决了传统育苗移栽用工多的难题，能够保证全程机械化生产，实现一年两熟种植，提高土地综合效益产出。地表周年覆盖还能够有效防止盐碱地返盐现象的发生。

（6）**间作棉花**　指将与棉花生长季节相近的作物成行或成带相间种植的一种方式。目前主要有棉花间作辣椒、棉花间作花生、棉花间作绿豆、棉花间作油葵、棉花间作西瓜等，为解决重茬问题，可在下季作物种植时交换两种作物的种植带，做到轮茬倒地。

该模式一方面在丰富田间生态系统的同时减少农药用量，通过倒茬轮种解决重茬问题；另一方面能够有效提高单位土地面积产出，增强作物抵御价格波动风险的能力。

82. 纯作春棉播种保苗应注意哪些问题？

黄河流域棉区纯作春棉播种保苗易受种子质量、温度、墒情和播种基数的影响。播种保苗目标是实现出苗早、齐、全、匀、壮。棉花播种技术包括播前准备、确定播种期、播种技术和播后管理。

（1）播前准备 棉花的种子较大，种壳较厚，棉子萌发时对温度、水分、空气等条件的要求比较严格，一般要吸足相当于种子本身重量60%～80%的水分才能发芽。棉籽出苗要求0～20cm土层的土壤水分为田间持水量的70%～80%。在土壤中吸水不足，种子不能发芽；水分过多又会烂籽、烂芽。播种时表层土壤过松、过紧都对出苗不利。过松，易散发土壤水分，使种子受干不易萌发出苗；过紧，则幼根难以下扎。土壤松紧适当、透气性好，有利于发芽、出苗及幼根生长。因此，播前要做好以下准备工作：

①品种选择。应根据当地生态条件、种植制度，选择适宜的优质、高产、抗逆品种。从外地引种时，应先小面积种植示范，再大面积推广应用。

②晒种。选用成熟饱满、发芽率85%以上和发芽势强的脱绒包衣种子，一般在播种前半个月进行晒种。晒种可促进种子后熟，提高发芽率10%～20%。注意不要直接放在砖地或水泥地上，避免烫伤，形成硬籽。晒种总的时间应控制在30～50h，晒时要注意翻动。

③棉田准备。中国北方棉区春季干旱多风，土壤蒸发量大，要在棉田耕翻、施足基肥、浇好底墒水的基础上，做好耙糖保墒，使棉田土壤达到平整、细碎、上松、下实。上松指表层土壤疏松，水分不过多，有利于温度上升和通气；下实指棉籽以下的土壤比

较细密而墒足。此外，棉田强调底肥要足，基肥深施、多施，集中施用效果好。基肥以有机肥为主，再配合适量的氮、磷、钾化肥。

（2）确定播种期　播种的适宜时期取决于气温、地温、墒情、终霜期、播种方式及棉花品种特性等。其中温度是首要条件，一般日平均温度在 10 ～ 12℃时棉籽可以萌动，12℃以上发芽，14℃以上出苗。播种期主要以 5cm 地温稳定在 14℃以上或气温稳定在 16℃以上为标准。一般在 4 月中下旬播种。播种过早，地温低，容易烂籽、烂芽；播种过晚，推迟了生育期，会造成晚熟减产。墒情也应考虑，若墒情过差，宜推迟播期，先行造墒而后播种，以争取一播全苗。在适宜播期范围内，肥水条件好的高产棉田，选用后发性强的品种，要适期早播；肥水条件差的棉田或盐碱地，选用生育期短的品种，可适当晚播。

（3）播种技术　要求播种行直，行距一致；下籽均匀，无漏播、重播；深浅适当，覆土紧密。

①播种量。根据播种方法、种子质量和留苗密度而定。条播要求每米有种子 20 ～ 30 粒，每公顷用种子 45kg 以上；点播每穴 1 ～ 2 粒，每公顷用种子 15 ～ 30kg。

②播种方法。机播可以做到开沟、下种、覆土、镇压等作业一次完成，精密点播则更可节约用种量，人工开沟条播，下籽和覆土作业不能一次完成，且在北方棉区容易跑墒，质量和工效较差。人工点播可节省用种，但费工较多。

③播种深度。棉花子叶肥大，出苗阻力较大，播种不宜太深。一般以 3cm 左右为宜，旱地不超过 5cm。播后要覆土，干旱情况下，要有 1.5cm 以上厚度的湿土覆盖棉籽，上面再覆盖细碎的薄层干土（图 5-1）。

图 5-1　棉花精量播种

（4）**播种管理**　棉苗出土前遇雨土壤板结，要抓紧耙地或中耕松土；发现烂籽、烂芽，必须及时补种或和移苗。齐苗后，如遇寒流，必须预先喷施波尔多液、代森锌和多菌灵等药剂，预防苗叶病。

83.两熟直播短季棉播种保苗应注意哪些问题？

两熟直播短季棉是指在前茬作物收获后机械直播短季棉的一种生产方式，黄河流域棉区主要包括蒜（麦）后直播短季棉、短季棉与饲草作物两熟接茬种植等。在该模式中，做到茬后直播短季棉一播全苗是实现棉花丰产稳产的关键所在，为保证短季棉播后苗齐苗壮，要做好以下几点工作（图5-2）：

图5-2　蒜后短季棉机械精量播种

（1）**种子准备**　选用优质早熟易早发的短季棉品种，如鲁棉532（图5-3）、鲁棉551等。要求种子成熟度好、发芽率高，且经过精加工脱绒包衣，健籽率≥80%，发芽率≥80%。播种前选择晴好天气，破除包装，晒种

图5-3　蒜后直播短季棉

3~4d，每天翻动3~5次；做发芽试验，确定播种量；包衣种子切勿浸种。

（2）**造墒整地**　前茬作物收获后，依靠前茬作物灌水或是降水的墒情，待前茬大蒜、小麦或饲草作物收获后，及时清

茬。可结合秸秆还田采用旋耕机进行翻松，旋耕不宜过深，一般10～15cm即可，要求扣垡平实、不露秸秆、覆盖严密、无回垄现象、不拉沟、不漏耕；播种前土地应做到下实上虚，虚土层厚2.0～3.0cm，利于保墒、出苗。土壤墒情较差棉田，可选择在整地后喷灌，或是播种后进行漫灌以保证出苗。

（3）草害防控　土地翻耕时，每亩可选用48%氟乐灵乳油125～150ml，或48%地乐胺200～250ml，或72%都尔乳油100ml，对水30kg地面喷施，随喷随耙，混土深度3～5cm，药物封闭消灭杂草。播种后在播种床上均匀喷洒除草剂，如每亩选用50%乙草胺乳油120～150ml对水30～700kg、60%丁草胺乳油1 500～2 000ml对水600～700kg、43%拉索乳油3 000～4 500ml对水600～700kg。除草剂用量不可随意加大，以免产生药害。

（4）精量播种　于5月25至6月5日，采用多功能精量播种机播种，不覆盖地膜，每公顷用种量20～25kg，保证每公顷实收密度在75 000株以上。肥力好的地块，可适当降低播种量；同等地力条件下，管理水平较高的可适当提高播种量，反之应降低。

84. 中耕有什么作用？如何简化中耕？

中耕是在棉花生育期间对棉田进行的松土、除草作业。棉花属于深根作物，根系分布深广、活力较强，需要有疏松、透气的表层土壤环境；棉花生长期长，前期行间地面裸露，蒸发量大且杂草容易滋生。因此，需要加强中耕除草、松土，结合培土，为棉花生长发育创造良好的环境条件（图5-4）。

（1）中耕的作用　中耕是促进根系发育的重要措施，可

图5-4　棉田中耕施肥

以改善土壤的理化性状，促进微生物活动和有机肥料的分解；还可以减少水分蒸发，使水分处于较稳定状态。通过中耕切断部分侧根，减少根群的数量，对水分的吸收暂时减少，可控制茎、枝、叶的生长，使棉株生长稳健，对碳水化合物的消耗也相应减少。中耕是棉花蕾期管理中实现促控结合、搭好丰产架子的一项重要措施。

（2）传统中耕技术　棉田中耕在苗期、蕾期进行，花铃期以后根据具体情况决定，一般全生育期中耕4～5次。播种后或现行后即可中耕，一般2～3次，深15～18cm，达到耕层底部平整、表土松碎，人工及时拔除穴口杂草。雨后及时中耕，能破除板结、散墒提温；盐碱地棉田，要求加大中耕深度，起到提墒、增温、抑盐的效果。中耕要注意与灌水、追肥、培土等作业相结合，要根据天气、棉苗长势灵活掌握，天旱苗小宜浅中耕，雨后土湿苗旺宜深中耕。雨后或浇水后土壤板结要及时中耕，南方苗期多雨宜浅中耕，套种棉田在前茬作物收割后要及时深中耕。目前，棉田中耕一般采用拖拉机牵引的中耕作用机具进行行间松土、除草、灭茬，株间或苗旁杂草多采用手锄或人工拔除。

（3）轻简中耕技术　为减少用工、节约成本，目前多采用轻简中耕技术。一是合理施用除草剂，一般采用播前混土、播后苗床喷药覆盖的方法，控制杂草发生。二是减少中耕次数，由全生育期中耕4～5次改为1～2次，齐苗后至2叶期中耕1次，盛蕾期中耕1次。蕾期中耕要深，中耕深度行间可增加到10cm以上，距棉株两侧5～6cm。为了便于中后期管理和浇水、排水，中耕一般都结合培土，要把土培到棉株基部，以稳固棉株。三是用中耕机械代替人力和畜力，提高劳动效率。四是地膜覆盖和滴灌可控制杂草发生，特别在西北内陆棉区应用最为广泛，是减少中耕次数的有效措施。

85.不同种植方式的棉花怎样合理密植？

棉花种植密度是单位面积土地上通过行株距的合理配置所种

植的棉花株数。棉花具有无限生长习性，且营养生长与生殖生长并进期长，是喜温好光的大株作物。种植密度不合理，行株距配置不当，将或因过稀而产量不高，浪费了光能和地力；或因过密而使田间荫蔽，造成棉株徒长，加剧蕾铃脱落，降低了产量和纤维品质。合理密植是根据气候和地力等条件，在单位面积上种植的最佳株数，加上适当的行株距配置，在田间建立一个理想的群体结构，既能使棉株个体发育良好，又能发挥群体的增产作用，最终实现棉花高产、优质、高效生产。因此，棉花合理密植是一项经济有效的增产技术，是提高棉花光能利用率的重要途径之一，更是集中成熟收获的保证。

（1）**合理密植的总体原则**　种植密度大小应根据气候、土壤、品种等具体条件，遵循以下总体原则：①无霜期长、降雨多的地区，密度宜小；无霜期短、降雨少的地区，密度宜大。②肥水条件好的棉田，密度宜小；旱薄地，密度要大。③株型松散的品种宜稀些；株型紧凑的品种宜密些。④早播的要稀，晚播的要密；春播的要稀，夏播的要密。

（2）**不同种植方式的种植密度**　黄河流域棉区纯作春棉一般种植密度为6万～9万株/hm²，夏棉一般种植密度为7.5万～10.5万株/hm²，套种春棉则要根据套种作物或套种方式，结合行株距进行调整，如蒜套杂交棉一般种植密度为2.25万～3.00万株/hm²，麦套棉一般种植密度为3.00万～3.75万株/hm²。

（3）**行株距配置**　行株距配置方式是指棉株在田间的分布方式，当种植密度较高时，通过合理的株行距配置，使棉株得到合理分布，在一定程度上能改善田间的通风透光条件，有利于棉株的生长，因此种植密度和行株距的合理配置就显得更为重要。黄河流域棉区采用的种植模式主要有等行距和宽窄行两种。

等行距：一般雨水充足、生长期较长、土壤肥力较高的棉田，行距要宽，为80～100cm；雨水偏少、生长期较短、土壤比较瘠薄的棉田，行距宜窄，为60～75cm。株距根据已定行距和种植密度而定，一般不小于15cm。为了适应采棉机对行距的要求，则要实行76cm等行距种植。

宽窄行：肥沃棉田或间套种棉田较多采用，以其窄行增加种植密度，宽行可改善棉田的透光通风条件，以利棉株中、下部结铃，同时利于田间管理。行距的配置也视不同土壤、肥力、种植制度而异，一般采用的宽行距为100～120cm，窄行距为40～60cm，平均行距为70～90cm，株距为20～30cm。

86.什么是免整枝？怎样实现？

免整枝是指用化学或其他方法抑制或控制棉花叶枝和主茎顶心的生长，减免人工去叶枝、打顶心、抹赘芽、去老叶、去空果枝等传统整枝措施，以达到控制和利用叶枝，实现与传统整枝基本一致的产量和品质的棉花栽培措施（图5-5）。

图5-5　免整枝免打顶棉花吐絮单株

要实现免整枝而不减产、降质，需要适宜品种、科学化学调控与合理密植等技术措施与物化成果的密切配合，可根据植棉地区的生态条件和生产条件合理密植，利用小个体、大群体抑制叶枝生长；通过缩节胺等植物生长调节剂抑制赤霉素生物合成，控制棉花节间与主茎顶端生长，并配合株行距配置、水肥调控等措施减免去叶枝和打顶环节。具体措施如下：

一是要选用株型紧凑、叶枝弱、赘芽少的棉花品种。二是减施基肥和氮肥，苗期慎浇水，氮肥适当后移（初花期）。三是要搭配合理的株行距配置，等行距、南北向种植便于控制叶枝生长发育。其中，一熟制春棉收获密度控制在7.5万～9.0万株/hm²（图5-6），在现有基础上提早化控，首次化控提前到3～4叶期，然后在盛蕾和

图5-6 低密度（左）和高密度（右）棉花叶枝比较

初花时根据长势各化控1次，3次用量分别为15.0g/hm²、22.5 ～ 30.0g/hm²和37.5 ～ 45.0g/hm²；正常打顶前5d，用缩节胺75 ～ 105g/hm²叶面喷施，10d后再次叶面喷施105 ～ 120g/hm²，实现免整枝。晚播短季棉收获密度控制在9.0万～ 10.5万株/hm²，可根据情况于盛蕾期前后化控1 ～ 2次；棉花正常打顶前5d，用缩节胺75 ～ 105g/hm²叶面喷施1次，实现免整枝。

87. 不同种植方式的棉花怎样轻简施肥？

棉花生产周期长、植株个体大，其对肥料的使用非常依赖，棉花轻简施肥就是要简化施肥过程，通过与棉花需肥规律结合进一步提高肥料利用效率，以实现棉花施肥的轻简高效。

（1）棉花轻简施肥的技术原则

①施肥数量可以减少。在土壤碱解氮含量超过120mg/kg、有效磷含量超过15mg/kg、有效钾含量超过140mg/kg的土壤养分含量条件下，目前棉花生产水平的氮肥用量可以控制在225kg/hm²以内，以N：P_2O_5：K_2O=1：0.3：1为宜。

②分次施肥比例需要调整。棉花生产中比较普遍的施肥次数和比例为3次：底肥30%，初花肥40%，盛花肥30%。底肥施用后，棉花需要经历60 ～ 70d，其间易造成养分流失，降低肥料利用效率。另外，盛花肥过多容易导致赘芽丛生甚至贪青晚熟、徒

耗养分，还降低了产量。因此，可以适当降低底肥和盛花肥比例，调整为：底肥10%～20%，初花肥60%～70%，盛花肥20%左右。

③一次性施肥可以获得高产。在实行冬季作物收获后接茬种植棉花的两熟制棉区，在土壤养分供应良好的条件下，减少氮肥施用次数1～2次是可行的。5月下旬至6月初播种的棉花甚至可以一次施肥：在田间可见第一朵白花时施入全部氮、磷、钾、硼肥。

④合理施用新型肥料。新型肥料主要包括：专用配方肥、商品有机肥、水溶性肥料、微生物肥料、缓控释肥料等。

⑤实行棉花秸秆还田。结合秋冬深耕进行秸秆还田可以有效提高土壤有机质含量，是改良培肥棉田地力的重要手段。

（2）黄河流域一熟制棉区轻简施肥技术　结合生产实际和肥药减施的要求，籽棉产量目标为3 000～3 750kg/hm^{2}时，施氮量为195～225kg/hm^2，N：P$_2$O$_5$：K$_2$O=1：0.6：0.6；籽棉产量目标3 750kg/hm^{2}以上时，施氮量为240～270kg/hm^2，N：P$_2$O$_5$：K$_2$O=1：0.45：0.9。施用速效肥可将施肥次数减少到2次，即基肥一次（全部磷、钾肥和50%～60%的氮肥），剩余氮肥在开花后一次追施。施用控释肥时可一次施肥，即将氮磷钾复合肥（含N、P$_2$O$_5$、K$_2$O各18%）750kg/hm^{2}和控释期120d的树脂包膜尿素225kg/hm^{2}作基肥，播种前深施10cm，以后不再施肥。

（3）黄河流域两熟制棉区轻简施肥技术　蒜套棉要掌握"底肥足、花肥重、桃肥保"的原则，在棉花播种或移栽前施足底肥，结合整地施复合肥或控释肥，6月下旬至7月上中旬花铃期必须重施，一般追施尿素300kg/hm^2，7月底棉花逐渐进入盛铃期，可追施尿素150kg/hm^{2}左右保桃壮桃；麦套春棉可参考蒜套棉的施肥原则，将总氮量50%的尿素在花铃期一次施入，8月下旬可视棉花长势叶面喷施300～400倍磷酸二氢钾+2%尿素溶液，防早衰、增铃重；蒜后或麦后直播短季棉追肥在盛蕾期施用，一般施尿素150～225kg/hm^2，花铃期一般不再追肥，以防止贪青晚熟。

88. 纯作春棉晚密简栽培有哪些技术要点？

晚密简栽培是采用早发型中早熟抗虫棉品种，通过适当晚播减少烂铃，通过提高密度、科学化控简化整枝，并促进棉花集中成铃，以群体促产量，最终使棉花的结铃期与黄河流域棉区的最佳结铃期同步，使棉花多结伏桃和早秋桃，夺取高产。栽培技术要点如下：

（1）**品种选择**　由于晚密简栽培技术种植密度较大，在栽培上宜选用株型较为紧凑的棉花品种。当前常规抗虫棉品种可选用中早熟类型鲁棉研37号、K836等品种。

（2）**适期晚播**　为使棉花结铃期与黄河流域棉区的最佳结铃期相吻合，并适当控制伏前桃的数量，减少烂铃，播种要适当推后 10 ~ 15d。春棉品种于5月5日前后播种，气候适宜可采用露地直播，不仅节省地膜、降低污染，还省去了人工放苗。但是该地区春棉仍然提倡覆膜栽培，要注意及时放苗，以防高温烧苗。

（3）**精量播种**　采用精量播种机械播种，每公顷用高质量脱绒包衣种子15kg左右，出苗后及时放苗，不间苗定苗。盐碱地播种量加大到每公顷22kg。改传统大小行种植为76cm等行距种植。

（4）**合理密植**　根据试验和示范，种植密度以7.5万 ~ 9.0万株/hm^2为宜；过低起不到控制叶枝生长发育的效果，过高则给管理带来很大困难。在该密度范围内，控制株高100 ~ 120cm，以小个体组成合理的大群体夺取高产。

（5）**免整枝**　不去叶枝，7月20日以前人工打顶或喷施化学打顶剂。

（6）**科学化控**　由于该技术植棉密度较大，在使用缩节胺化控时要严格控制株高，一般自现蕾至盛花结铃期喷施缩节胺3 ~ 4次，坚持少量多次的原则，控制棉花最终株高在100 ~ 120cm。不同时期缩节胺用量：现蕾期15.0 ~ 22.0g/hm^2、盛蕾期22.0 ~ 30.0g/hm^2、初花期30.0 ~ 45.0g/hm^2、打顶后45 ~ 60g/hm^2。

（7）**集中收花** 该栽培技术下棉花开花结铃较为集中，一般人工采收两次即可。有条件的地方可在脱叶催熟的基础上采用机械一次性收获。脱叶催熟一般在棉田自然吐絮50%以上或上部棉铃铃期在40d以上时（9月底或10月初）进行。

89. 两熟直播短季棉栽培有哪些技术要点？

两熟直播短季棉栽培是指在大蒜或小麦等作物收获后，于5月下旬至6月初直接播种早熟棉品种，通过合理密植、简化管理、集中收获，实现轻简节本高效的一种植棉模式（图5-7）。该技术模式是在对传统套栽棉进行"五改"的基础上建立而成的，一是改蒜（麦）田套种春棉为蒜（麦）后直播短季棉，二是改稀植大棵为密植矮化栽培，三是改精细整枝为免整枝，四是改多次施肥为一次施肥，五是改多次收花为集中成铃一次收花，主要技术要点包括：

图5-7 两熟制短季棉机械直播（上）和出苗（下）

（1）**品种选择** 选用高产优质、生育期110d以内的早熟棉品种（图5-8）；大蒜或小麦选用高产优质、晚播早熟的品种。

（2）**播前整地** 麦后秸秆粉碎免耕贴茬直播，小麦留茬高度不超过20cm，小麦秸秆粉碎长度不超过10cm；蒜后清理残

图5-8 麦后直播短季棉

荐，采用免耕播种，也可旋耕混土除草整地后播种。

（3）**机械直播免间苗定苗**　待大蒜（小麦）收获后，每公顷用种18 ~ 22.5kg，采用精量播种机等行距（66 ~ 76cm）播种，播后每公顷用33%二甲戊灵乳油2.25 ~ 3.0L，对水225 ~ 300kg均匀喷洒地面，自然出苗，出苗后不间苗定苗，实收密度每公顷75 000株以上。

（4）**简化施肥**　麦后早熟棉可采用"一基一追"的施肥方式，每公顷基施N100kg、P_2O_5 75 kg、K_2O 75 kg，盛蕾期追施N 80 kg，也可采用控释N（释放期为90d）种肥同播；蒜后早熟棉采用一次性追施，现蕾期每公顷追施N 60 kg、P_2O_5 37.5 kg、K_2O 45 kg。

（5）**密植结合化控免整枝**　棉花的收获密度每公顷9万 ~ 12万株，叶枝少且长势较弱。全生育期分别于现蕾前后、盛蕾初花、打顶后5d左右采用缩节胺化控3次，并于7月15—20日采用化学药剂或机械打顶，株高控制在70 ~ 90cm。

（6）**脱叶催熟，集中收花**　10月1日前后或棉花吐絮率40%以上时，每公顷采用50%噻苯隆可湿性粉剂450g+40%乙烯利水剂3 000ml对水6 750kg混合喷施，7d后根据情况第二次喷施；待棉株脱叶率达95%以上、吐絮率达70%以上时，即可进行人工集中摘拾或机械采摘。为腾茬种蒜或者种麦，剩余为开裂棉铃可采用专用机械集中收获，喷施乙烯利或自然晾晒吐絮后一次收花。

🌼 90. 晚春播无膜短季棉栽培有哪些技术要点？

晚春播无膜短季棉栽培是指在5月底至6月初，采用短季棉品种不进行地膜覆盖的一种栽培模式。该技术主要涉及选用优质早熟棉无膜晚播、合理密植、集中施肥、科学化控免整枝、脱叶催熟、集中收获等技术，短季棉生育期短减少了病虫害的发生次数，利于集中结铃吐絮；无膜栽培则减免了地膜使用，避免了残膜污染，对于降低投入成本、实现棉花的绿色生产意义重大。该技术适宜于黄河三角洲盐碱地中低产棉田，相似生态区域也可参考使用。

（1）**选用优质早熟短季棉品种**　要求短季棉品种生育期105d以内，果枝始节较高，株型较紧凑，抗倒伏，耐阴性强，结铃吐絮相对集中，吐絮畅、含絮力适中，对脱叶剂敏感。早熟棉品种的霜前花率达92%以上，纤维长度≥29mm，比强≥29cN/tex。

（2）**无膜机械直播**　于5月下旬至6月初，平均地温高于15℃时，选用脱绒包衣的优质短季棉种子，采用精量播种机播种，每亩的用种量控制在1.5～2kg，不覆盖地膜，实现自然出苗，出苗后不间苗不定苗。

（3）**合理密植结合化控实现免整枝**　棉花的收获密度控制在每亩6 000～8 000株，利用密植并采用少量多次的化控策略，并结合全生育期的水肥协同管理，实现棉花的免整枝免打顶栽培。

（4）**脱叶催熟，集中收获**　于10月初，待棉花吐絮达50%左右时，采用吊杆式喷药机或无人机喷施脱叶催熟剂，隔7d后二次喷施，可以保证脱叶率95%以上、吐絮率90%以上，进而可以实现集中收获。收获次数由传统的4～5次减为1～2次，条件成熟地区可利用采棉机一次收花（图5-9）。

图5-9　盐碱地无膜短季棉机械采收

🌀 91.棉草两熟栽培有哪些技术要点？

棉草两熟种植是指在饲草类作物5月底6月初收获后接茬种植短季棉，10月底11月初棉花收获后播种牧草作物，以此周年交替的一种高效种植模式（图5-10）。该模式一方面充分发挥了短季棉生育期短、耐盐性强的优势，另一方面也充分利用了牧草经济价值高且能肥田的特点，适合在黄河三角洲轻中度盐碱地应用，对

图5-10 棉草两熟田饲草收获
（a）和短季棉播种（b）

解决该区农田生态系统单调脆弱、农田面源污染严重、作物生产用工多、效益低等生产与科技瓶颈发挥重要作用。该技术主要包括适宜品种筛选、抢时播种、合理密植、简化施肥、集中收获等关键技术环节。

（1）品种选择　选用早熟、茎秆粗壮、抗倒伏、耐寒抗逆强、饲用品质好的饲草品种，如冀饲2号小黑麦、冀引一号燕麦等；棉花选用早熟性好、结铃集中、纤维品质优良、吐絮畅，对脱叶催熟剂敏感的短季棉品种，如鲁棉532、鲁棉551等。

（2）抢时机械播种　饲草于5月15—30日收获后，立即灭茬，结合除草采用76cm等行距贴茬直播短季棉，棉花每公顷用种量30kg，确保每公顷收获密度9万～10.5万株；待棉花收获后，抢时拔柴，深翻、耙平，机械播种，小黑麦播种量195～225kg/hm^2，饲用燕麦播种量110～135kg/hm^2。

（3）简化施肥　短季棉和饲草均采用"一基一追"的施肥方式。短季棉每公顷基施N 100 kg、P_2O_5 75 kg、K_2O 75 kg，盛蕾期追施N 80 kg。也可采用种肥同播技术，每公顷施用180kg控释N（释放期为90d）、P_2O_5 75 kg、K_2O 75 kg；饲草每公顷施有机肥1 500 kg、复合肥600kg，起身期追施尿素150kg，并及时浇水。

（4）棉花化控免整枝　全生育期化控3次。现蕾前后根据棉花长势和土壤墒情，每公顷喷施缩节胺7.5～15g；盛蕾初花期、打顶后5d左右分别化控一次，每公顷喷施缩节胺22.5～60g。于7月20日前后或棉株出现7～8个果枝时，每公顷采用45～75g

缩节胺喷施棉株，侧重喷施主茎顶和叶枝顶；7d后每公顷采用75～90g缩节胺进行第二次喷施，着重喷施主茎顶，实现自然封顶，株高控制在70～90cm。

（5）**棉花脱叶催熟，集中收花** 于9月底至10月初且气温稳定在20℃以上、田间吐絮率达到50%～70%、棉花上部铃的铃龄达40d以上时，采用专用喷雾机械喷施脱叶催熟剂。脱叶催熟剂用量每公顷50%噻苯隆可湿性粉剂600～900g+40%乙烯利水剂1 500～3 000ml，保证脱叶率95%以上、吐絮率95%以上。根据各地的生产实际，有条件的地方可选用符合质量标准的采棉机械一次性机收，达不到机采条件的可采用1～2次人工集中收获。

🌸92. 黄河流域棉花怎样轮作倒茬？

不同的作物对于土壤养分具有不同的要求和吸收能力。一种作物长期连作，会引起某些营养元素的缺乏，而另一些元素又未被充分利用，导致棉田养分失衡，实行轮作则能较充分利用各种营养元素，前茬作物未能从土壤中吸收的养分及其自身的残留物，可以为后茬作物所利用。另外，根据不同作物的根系生长特点，利用棉花根系较深的特性与根系较浅作物进行轮作，则能较充分利用不同土壤层的营养元素。多年的研究和实践证明，在同样施肥条件下，轮作棉花的产量要普遍高于单作棉田。目前，黄河流域的轮作倒茬模式主要有以下几种：

（1）**棉花与大蒜两熟** 在鲁西南棉区，多采用棉花与大蒜两熟种植，蒜棉套种曾在该区域得到广泛应用。但传统的蒜（麦）套棉模式主要依靠手工操作，不适宜轻简化、机械化生产，且随着我国经济社会的发展，劳动力转移和成本逐年增高，这一传统模式已不适应蒜（麦）、棉产业的发展。近年来，通过对传统的蒜棉套种进行不断优化，即改蒜（麦）田套种春棉为蒜后直播早熟棉、改稀植大棵为密植矮化、改精细整枝为免整枝、改多次施肥为一次施肥、改多次收花为集中成铃一次收花，集成建立了蒜后直播短季棉轻简高效栽培技术，进而实现棉花与大蒜的两熟。

（2）**棉花与豆科作物轮作**　棉花与豆科作物（花生、大豆等）采用等幅间作，能够充分发挥棉花与花生的互补性，做到地上空间互补、地下根系互补、周年营养互补，来年交换棉花和豆科作物种植带继续进行间作，后续年份依此交替进行。采用该种植模式，一方面可以解决豆科作物重茬的问题，并可以起到防控杂草丛生的效果；另一方面可以充分利用豆科作物根系固氮作用进行肥田，减少下茬作物的肥料投入，节省投入。

（3）**棉花与绿肥轮作**　待棉花收获后，及时播种绿肥作物，通常用的绿肥有毛叶苕子、蚕豆、紫云英、田菁等。根据种植的棉花类型，翌年4月初收割绿肥还田并及时耕翻土地，播种春棉；5月上旬收割绿肥还田及时耕翻土地，播种短季棉。采用该模式在改良土壤的同时，能够实现作物对地表的周年覆盖，减轻草害。在盐碱地采用该种植模式，能够有效防止返盐发生，是改良盐碱地的重要措施之一。

🌱 93.黄河流域棉花怎样脱叶催熟？

脱叶催熟是实现棉花集中成熟集中收获的有效手段。催熟的主要对象是实行集中采收前尚未完全吐絮的晚熟棉田。此类棉田若不进行催熟，一方面易造成机械采收时漏采，造成产量损失；另一方面青铃的存在易产生染色，降低纤维品质。脱叶的主要对象是采收前尚未脱落的主茎叶、果枝叶，以及二次生长产生的嫩叶，通过脱叶能够降低机械采收籽棉的含杂率，并且能够避免因绿色叶片染色造成的纤维品质降低（图5-11）。

图5-11　吐絮期棉田（左：未脱叶；右：脱叶催熟）

（1）脱叶催熟剂选择　不同的催熟剂和脱叶剂复配或混用，是当前开展棉花化学脱叶催熟的主要手段。常使用的催熟剂主要为乙烯利；使用的脱叶剂主要有脱落宝50%可湿性粉剂、50%噻苯隆等。黄河流域棉区每公顷采用50%噻苯隆可湿性粉剂300～600g和40%乙烯利水剂2.25～3.0L混合施用，可通过添加一定量的表面活性剂提高施用效果。

（2）脱叶催熟时间及剂量　为保证脱叶催熟剂的喷施效果，应确保施药后一周内的日最高气温大于18℃，过早施药可能导致叶片过早脱落，造成减产；施药时间过晚则气温过低，降低药效。对于黄河流域一熟春棉来说，在棉田70%以上棉株吐絮60%～70%时，每公顷喷施40%乙烯利水剂1 500～2 250ml+50%噻苯隆可湿性粉剂300～600g，药剂用量可根据棉花长势及其气候条件酌情进行增减。一般来说，气温较低、棉株长势较旺、晚熟棉田，可适当增加用量，反之则可以适当降低药剂用量。

（3）喷施药械选择　多采用高地隙大型施药机械来牵引，选用带吊喷、风幕及分禾器的药械确保喷匀喷透。如遇倒伏严重的棉田，可选用无人机进行喷施。由于无人机喷施的药液浓度大、药液量少，通常情况下建议喷施两次，以确保喷匀喷透。

（4）脱叶催熟剂喷施方法和原则　为保证脱叶催熟效果，建议采用机车喷施。喷施次数可根据棉田群体大小来确定，棉株体较小的棉田喷施一次即可。群体大的棉田，由于药液不易喷到中下部叶片，宜采用分次施药，第一次施药应比正常施药期提前7d左右，采用较低剂量，待上部叶片大部分脱落后，再进行第二次施药，剂量适当增加。要求最终脱叶率保证达到95%以上，吐絮率达到90%以上，挂枝棉、挂枝叶少，最终的含杂率控制在8%以内。

🌀94. 黄河流域棉花虫害防治技术有哪些？

黄河流域棉花种植模式主要有春播棉和蒜套棉两种，正在发展麦后直播棉、蒜后直播棉等新的种植模式。主要害虫有棉蚜、红蜘蛛、蓟马、绿盲蝽、烟粉虱、棉铃虫、潜叶蝇等。黄河流域棉花害虫主要防治措施有以下几点：

（1）选用多抗、优质、丰产的抗虫棉品种；秋季棉花收获后深耕地块，铲除棉田及其周边地块杂草，降低棉铃虫、绿盲蝽等越冬基数。棉花生长过程中，结合棉花整枝，将去掉的棉花枝条及时带出棉田深埋。适时播种，加强肥水管理，培育壮苗和促使棉株健壮生长，提高抗逆能力。

（2）在防治棉花害虫中，尽量使用生物农药，如棉铃虫核型多角体病毒、苦皮藤素、苏云金杆菌等；在害虫发生高峰过后，是天敌发生高峰期，可以适当减少农药使用次数，以便保护天敌。

（3）棉花播种前，每100kg种子使用25%噻虫·咯·霜灵悬浮种衣剂1 380 ～ 2 070ml或25%噻虫·咯菌腈悬浮种衣剂1 020 ～ 1 360g，进行种子包衣。或每亩使用2%吡虫啉颗粒剂3 ～ 5kg，药种同播。

（4）棉花成株期害虫防治，要与棉花化控、喷施叶面肥相结合，这样可以减少棉田喷雾次数，降低防治成本和劳动强度，一般防治5 ～ 6次。

①棉花蕾期。每亩使用4.5%高效氯氰菊酯乳油40ml+10%吡虫啉可湿性粉剂20 ～ 25g+25%甲哌鎓水剂2ml，或每亩使用20%茚虫威乳油9 ～ 15ml+10%烯啶虫胺水剂10 ～ 20ml+25%甲哌鎓水剂2ml，对水喷雾，防治棉蚜、棉铃虫，兼治棉花红蜘蛛及棉蓟马。

②棉花花期。每亩使用25%噻虫嗪水分散粒剂6 ～ 8g+4.5%高效氯氰菊酯乳油40ml+25%甲哌鎓水剂4 ～ 6ml，或每亩使用1%甲氨基阿维菌素苯甲酸盐乳油50 ～ 75ml+20%啶虫脒乳油3 ～ 4ml+25%甲哌鎓水剂4 ～ 6ml，对水喷雾，防治棉盲蝽、棉铃虫，兼治棉蚜。根据棉花长势和降雨情况，酌情使用甲哌鎓。

③棉花花铃期。每亩使用200g/L氯虫苯甲酰胺悬浮剂6.67 ～ 13.30ml+20%啶虫脒乳油5 ～ 6ml+25%甲哌鎓水剂

8 ～ 12ml，对水喷雾，防治棉铃虫、棉盲蝽，兼治棉蚜。根据棉花长势和降雨情况，适当调整甲哌鎓使用量。

④棉花花铃期。每亩使用3.8%高氯·甲维盐乳油55 ～ 70ml+20%啶虫脒乳油6ml+25%甲哌鎓水剂12 ～ 16ml，或每亩使用3%阿维·氟铃脲悬浮剂60 ～ 90ml+20%啶虫脒乳油6ml+25%甲哌鎓水剂12 ～ 16ml，对水喷雾，防治棉铃虫、棉盲蝽，兼治烟粉虱、棉叶蝉。根据棉花长势，适当调整甲哌鎓使用量。

⑤棉花吐絮初期。每亩使用4%阿维·啶虫脒乳油15 ～ 20ml+40%乙烯利水剂120 ～ 180ml，对水喷雾，防治烟粉虱、棉盲蝽，兼治蓟马、叶蝉、棉蚜。

棉花封垄前，建议使用自走式旱地作物喷杆喷雾机进行棉田喷雾；棉花封垄后，建议采用植保无人机或定翼式有人驾驶植保机进行棉田喷雾。

95. 黄河流域棉花病害防治技术有哪些？

黄河流域棉花主要病害有棉花苗期病害（以棉花立枯病、炭疽病为主）、棉花铃病（以疫病、炭疽病、红腐病为主）、棉花黄萎病、棉花枯萎病。黄河流域棉花病害主要防治措施如下：

（1）与小麦、玉米等轮作，或与大蒜、黑小麦等顶茬种植。选用多抗、抗或耐棉花黄萎病和枯萎病、优质、高产棉花品种。适时播种，黄河流域春播棉一般在4月中下旬，夏播棉在5月25日之前播种；结合整枝打杈，将病株、病叶带离棉田，深埋；及时抗旱排涝，棉花苗期遇旱及时浇水，雨季若遇到大雨及时排涝，保证棉花健康生长。

（2）连作棉田施用专用菌剂或菌肥，使用方法可采用拌种、菌肥混播等方式，要求将菌肥或菌剂施于棉花根部附近，以免影响防治效果。

（3）在棉花病害防治中尽量使用生物农药，使用80%乙蒜素乳油5 000 ～ 6 000倍液浸种或13%井冈霉素水剂1 000 ～ 1 500

倍液灌根，可防治棉花立枯病；每亩使用30%乙蒜素乳油50～80ml、20g/L氨基寡糖素水剂100～150ml或25%寡糖·乙蒜素微乳剂50～67ml叶面喷雾，可防治棉花枯萎病；每亩使用1 000亿孢子/g枯草芽孢杆菌可湿性粉剂20～30g、0.5%氨基寡糖素水剂150～200ml、10亿孢子/g解淀粉芽孢杆菌B7900可湿性粉剂100～125g或80%乙蒜素乳油25～30g，可防治棉花黄萎病；使用3%多抗霉素可湿性粉剂150～300倍液叶面喷雾，可防治棉花褐斑病和棉花立枯病。

（4）棉花播种期每100kg种子使用25%噻虫·咯·霜灵悬浮种衣剂1 380～2 070ml或25%噻虫·咯菌腈悬浮种衣剂1 020～1 360g种子，种子包衣。

（5）棉花成株期结合防治棉花害虫和化控，在7～9月棉花铃病发生初期，每亩使用50%嘧菌酯水分散粒剂40g或250g/L吡唑醚菌酯乳油30～36ml，对水喷雾；棉花黄萎病、枯萎病发病初期，每亩使用1.8%辛菌胺醋酸盐水剂150～250ml、5%氨基寡糖素水剂75～100ml、25%寡糖·乙蒜素微乳剂50～67ml或36%三氯异氰尿酸可湿性粉剂80～100g，对水喷雾。

（6）棉花封垄前，使用自走式旱地作物喷杆喷雾机进行棉田喷雾；大片棉田棉花封垄后可以采用植保无人机喷雾防治。

96. 黄河流域棉花草害防治技术有哪些？

黄河流域棉田主要杂草有牛筋草、马齿苋、马唐、鳢肠、芦苇、藜、铁苋菜、打碗花、苣荬菜、龙葵、苘麻、藜、反枝苋、裂叶牵牛等，稗、白茅、碱蓬、刺儿菜、香附子、扁秆藨草、狗牙根、野豌豆和苍耳等杂草在部分地区也为害较重。棉田杂草主要防治措施如下：

（1）及时清除棉田周边杂草，防止入侵棉田；地膜覆盖棉田，尽量采用除草地膜；棉花播种前，通过深翻或旋耕灭茬。

（2）棉花播种前，每亩使用480g/L氟乐灵乳油100～150ml或

330g/L二甲戊灵乳油150～200ml，土壤喷雾；或棉花播后苗前，每亩使用330g/L二甲戊灵乳油150～200ml，或40%扑·乙可湿性粉剂175～200g，土壤喷雾。土壤喷雾时，要均匀喷雾，切忌漏喷或重喷。

（3）因除草剂杀草谱局限，处理土壤时有漏喷、喷雾量不足、不均匀或喷后农事操作频繁等原因，造成棉田局部杂草发生严重。在棉花苗期、杂草2～4叶时，选用精噁唑禾草灵、精吡氟禾草灵、精喹禾灵、高效氟吡甲禾灵、烯禾啶等除草剂防治马唐等禾本科杂草；选用乙氧氟草醚、乙羧氟草醚等除草剂，采用定向喷雾法，防治反枝苋、马齿苋等阔叶杂草。4叶期以上的大龄杂草，每亩可选用30%草甘膦异丙胺盐水剂200～400ml+20%敌草快水剂300～350ml，棉田行间定向喷雾。行间喷雾时，必须采用扇形喷头，并尽量压低喷头，或采用防护帘隔离方式喷雾，严谨喷到棉株上。

97.无人机植保应注意哪些问题？

目前，植保无人机已越来越多地应用于农作物病虫害防控中，在植保无人机进行棉田作业时，应注意以下问题：

（1）检查植保无人机工作是否正常　在植保无人机棉田作业前1d，检查植保无人机是否工作正常。

（2）植保无人机田间作业时，严禁漏喷、重喷　作业前应做好规划，无人机规划作业区域必须与实际作业区完全重合，并规避作业区内障碍物，严谨漏喷、重喷，以免影响防治效果和棉花生长。

（3）清洗、检查植保无人机喷雾系统　在配药前，必须使用清水正常运行3min左右，清洗植保无人机喷雾系统（药筒、供药管道和喷头）残留农药；检查喷雾系统，若出现喷雾系统不能正常运行，应及时维修或更换相应部件。

（4）选用合适农药剂型　植保无人机棉田作业最适农药剂型

为乳油、水剂、微乳剂和水溶肥，其次为可湿性粉剂，尽量不选用悬浮剂、粉剂等剂型或其他肥料，注意水溶肥严格控制使用量，以免伤害棉株（图5-12）。若选用可湿性粉剂、悬浮剂或其他肥料，配药时应

图5-12 无人机植保

将药液充分溶解，并用60目纱网过滤药液后，再用于棉田作业，以防止堵塞喷头，影响棉田作业质量。

（5）**选用清洁水** 配药用水应选用无杂质、中性或微酸性水，有条件的使用桶装水，以免堵塞喷头，影响防治效果。

（6）**作业天气** 植保无人机田间作业要求：3级风以下；在夏季晴天应尽量避开高温时段，一般在上午10:00以前和下午3:00以后，阴天可全天喷雾。

（7）**飞行高度** 为了提高植保无人机的喷雾效果，飞行高度一般在植株顶端1.7～2.7m。

（8）**微肥、生物肥使用** 与微肥、生物肥混合喷雾时，应提前做好试验，严禁混合液出现浑浊、沉淀等现象，配药时应将药液充分溶解，并用60目纱网或废弃的无破损丝袜过滤药液后使用，且剂量不宜过大，以防对作物造成伤害。

（9）选用植保无人机专用助剂，剂量根据助剂要求使用。

（10）**人员规避** 棉田作业时，作业人员应距离无人机作业区3m以外，其余人员应远离作业区。

（11）**作业后清洗** 作业结束后，清空药筒内残留农药，用清水清洗药筒2～3次，并在药筒内加适量清水，运行3～5min，彻底清洗无人机喷雾系统。建议杀虫剂、杀菌剂药筒与除草剂和植物调节剂药筒分开使用、分别放置，尤其是除草剂药筒必须清洗干净，专桶专用，以免造成除草剂药害。

（12）**废弃物处理**　作业结束后，废弃的农药药瓶或农药药袋要清洗干净、集中存放至农药废弃物指定存放处、集中处理。

（13）**作业服装使用**　在作业过程中，现场操作人员必须穿戴工作服、戴专用防护手套和口罩，棉田作业结束后，防护服要及时清洗，防护手套和口罩必须同农药、肥料废弃物一样集中存放、集中处理，严谨重复使用。

（14）**人员规避**　作业人员应距离无人机作业区5m以外，其余人员应远离作业区。

98. 黄河流域棉花雹灾后怎样管理？

　　棉花遭受雹灾后要及时科学地做出是否改种或毁种决策。受灾后及时加强田间管理能够争取轻伤不减产或重伤少减产。受灾极重型棉田受灾时间不是很晚的，仍能争取一定有效花蕾，可以考虑不毁种，受灾时间较晚的则要考虑及时改种短季棉或其他类作物。另外，同一受灾地区不同田块也要根据受灾程度不同灵活采取不同的管理和补救措施（图5-13）。

图5-13　遭受雹灾的棉田

　　（1）**中耕培土促早发**　棉田受雹灾后，土壤表层板结、地温下降，首先应迅速排水减渍。3d和10d后分别进行两次深中耕和细中耕，以破除板结、协调土壤水气、增强根系活力。棉株倒伏严重的要及早扶苗培土。

　　（2）**推迟整枝留叶枝**　断头棉株叶腋中的赘芽经20d左右能长成4片叶以上的完整叶枝，形成多头棉，在叶枝4片叶前不整枝，以利于光合作用积累干物质。7月上旬，当叶枝长到5～6片叶后整枝，只留2～3个生长势强的枝头，注意留上不留下、留大不留小；主茎未断的有头棉株，果枝头损伤较小的，打顶时间与正常棉株相似，果枝头损伤较重的，则适当推迟打顶时间，使其增加1～2台果枝，争取上部成铃，一般推迟3～5d。有头棉株还可以在缺苗处留1～2叶枝，以弥补密度不足造成的减产。

（3）防治虫害保成铃　雹灾后棉株恢复生长后，植株新嫩易发生虫害，应特别注意加强蚜虫等的防治。

（4）叶面补肥防早衰　受灾后，棉株根系也同样会受损，易发生早衰，花铃期叶面喷施0.5%磷酸二氢钾+2%尿素液，以补充养分。

（5）乙烯利喷施促成熟　受灾棉田生长发育滞后，晚桃多、见絮晚，日平均气温19℃左右时，采用40%乙烯利1 440～2 244g/hm² 对水600kg，进行叶面喷施催熟。

99. 黄河流域棉花涝灾后怎样管理？

随着全球气候变暖，阴雨天气和洪涝灾害频繁发生。黄河流域棉区的开花结铃期正是淹涝灾害的高发期，淹涝成为该区棉花生产最主要的自然灾害（图5-14）。

图5-14　涝灾棉田

（1）淹涝对棉花的主要危害　一是棉田淹水后，破坏了棉田水、肥、气、热的协调与平衡，造成棉田土壤缺氧。一方面根系呼吸作用受抑制，厌氧代谢产物对根系产生毒害；另一方面涝灾造成表土板结、养分流失，土壤好气性微生物活动受抑制，而嫌气性微生物活动加强，进一步毒害棉花根系，导致根系变黑、腐烂。根系吸收水分和养分能力降低，而地上部叶片的蒸腾作用仍在继续进行，棉株体内的水分平衡被破坏，光合作用及物质的运输等生理代谢功能受阻，导致落铃剧增，铃重减小，产量、品质下降，淹涝严重时棉株死亡。二是淹涝灾害发生时常伴有大风，受淹棉花遇风易倒伏。倒伏棉株的冠层环境变劣，光合生产能力降低，导致严重减产降质，同时还不利于机械化管理和收获。三是淹涝灾害发生时常与阴雨天气相伴，棉花中下部烂铃增加。开花结铃期是棉花产量品质形成的关键时期，恰恰也是淹涝与阴雨天气的频发期，常导致大量棉铃烂掉，导致严重减产。当然，棉花受到淹水胁迫时，也会通过逃避机制、静止适应机制和自我调节补偿机制适应淹水胁迫，减轻淹水胁迫的伤害，减少产量品质的损失。因此，在棉花自身抗涝机制的基础上，有效进行涝渍防治，对于保证棉花的产量和品质具有重要意义。

（2）棉花涝后管理措施 棉花遭受涝灾后，要根据受灾时期的早晚和灾情采取抢救措施，应通过加强棉田管理，促进棉花恢复生长，减少产量损失。主要措施如下：一是及时排水。积水严重棉田，要将积水尽早排出，同时要在田间挖小沟，排除耕层土壤过多水分，以免发生泥涝，导致棉株根系窒息死亡。二是扶理倒伏棉株。对于倒伏棉株，采取边排水边扶苗的措施，通过巧扶、轻扶、顺行扶起，切忌硬拉，不宜用脚猛踩，减轻根系伤害。棉株扶正后，培土稳棵，使植株直立生长，以改善棉田的通风透光条件。当大水退到叶片以下时，可以视情况冲洗叶片上的泥浆及杂物。三是及时中耕。棉田积水后土壤易板结，恶化根系环境，因此，排水后宜尽快中耕，以改善土壤通透性，促进根系发育，也利于散墒、降低土壤湿度。中耕深度以6～10cm为宜。四是科学化控。雨前没有化控的棉田，棉株恢复生长以后，每公顷施用缩节胺45～75g，打顶后已经化控的棉田可适当减少缩节胺用量或不进行化控，有早衰趋势的棉田不要化控。五是补施化肥。受大雨冲淋后，棉田缺肥易引起后期早衰。所以在积水排净、土壤疏松后，对有早衰趋势的棉田及时补施盖顶肥，每公顷追尿素

75kg，补施盖顶肥忌过晚和过量。进入8月中旬后，棉花根系较为脆弱，不要再根际施肥，可进行根外施肥，根外喷施2%的尿素和1%的磷酸二氢钾混合溶液2～3次。

总之，应对淹涝灾害，应坚持"预防为主、治理为辅、防治结合"的原则，最大限度地减轻灾害损失，确保棉花生产的迅速恢复。

100. 棉花与豆科作物如何实现换位间作？

（1）**播前准备**　11月上、中旬棉田深翻，深度25～30cm，翻垡均匀，扣垡平实。结合秸秆还田深翻时，不露秸秆，覆盖严密，无回垡现象，不拉沟，不漏耕，每2～3年深耕一次；盐碱地宜采用深松机于秋季进行深松，深度30～40cm。播种前土地应做到下实上虚，虚土层厚2～3cm，利于保墒、出苗。

11月下旬至4月初灌水造墒，灌水量750～900m³/hm²；盐碱地可把淡水压盐与造墒结合，根据盐碱程度于播种前20d左右灌水压盐，轻度盐碱地灌水750m³/hm²左右，中度盐碱地灌水1 500m³/hm²左右，达到一水两用的目的。

播前用48%氟乐灵乳油1 875～2 250ml/hm²，对水450kg地面喷施，随喷随耙，混土深度2～3cm，药物封闭消灭杂草。除草剂用量不可随意加大，以免产生药害。

花生起垄种植，其他作物平作。机械起垄，要求垄底宽80cm、垄背宽50cm、垄高10cm左右，一垄双行。采用4-6式宽幅种植，4行棉花、6行花生（大豆），总幅宽550cm。棉花76cm等行距种植。

棉花选用脱绒包衣种子，健籽率高于80%，发芽率高于80%，种子纯度95%以上，含水量不高于12%。播种前10d选择晴好天气，破除包装，晒种3～4d，每天翻动3～5次；做发芽试验，确定播种量；包衣种子切勿浸种。豆科作物（花生、大豆等）选用饱满、无破损包衣种子，发芽率高于90%，种子纯度95%以上。

（2）**机械播种**　5cm地温稳定在15℃时播种。棉花一般于4月

20—30日播种；花生于4月底至5月上中旬播种，大豆于5月下旬至6月上旬播种。

棉花采用机械播种，播种、铺膜、覆土一次完成，用种量22.5 ～ 30kg/hm²。播种深度2 ～ 3cm，覆土厚1.5 ～ 2cm，要求播深一致、播行端直、行距准确、下籽均匀、不漏行漏穴。行距为76cm等行距，播后以幅宽120cm地膜覆盖双行，要求覆膜紧贴地面、松紧适度、侧膜压埋严实，防止大风揭膜。

花生采用垄上机械播种、地膜覆盖，种植密度13.5万 ～ 16.5万株/hm²，以幅宽90cm地膜覆盖，要求覆膜紧贴地面、松紧适度、侧膜压埋严实，防止大风揭膜。大豆采用平作，不进行地膜覆盖，种植密度15万 ～ 18万株/hm²。

（3）田间管理　待棉花、花生（大豆）齐苗后，选择无风好天下午放苗，放苗要及时。棉花在放苗时按照预留密度放出壮苗，不再定苗。花生、大豆在放苗时将所有苗全部放出。缺苗严重时要及时补苗。

按照少量多次、前轻后重的原则对棉花全程化控。全生育期化控4次，分别于现蕾期、盛蕾期、初花期和打顶前后，缩节胺总量控制在120 ～ 150g/hm²，株高控制在90 ～ 120cm。

花生采用多效唑进行化控。主茎高度为30cm左右时，每公顷采用15%多效唑可湿性粉剂450 ～ 600g对水600 ～ 750kg，叶面喷施2 ～ 3次，做到不漏喷、不重喷。

种植密度为每公顷6万株左右的棉田采用粗整枝，即在大部分棉株现蕾后，将第一果枝以下的营养枝和主茎叶全部去掉，7月15日前后打顶；种植密度在每公顷7.5万株以上的棉田结合喷施化学调节剂实现免整枝。

每公顷施用750kg三元复合肥（N-P$_2$O$_5$-K$_2$O为15-15-15）作基肥，不再追肥。

（4）集中收获　花生（大豆）于9月底10月初机械收获。棉花吐絮率达80%以上时，进行人工集中摘拾，两周后再摘拾一次即可。有条件的地区提倡采用机械收花。

（5）**种植位置互换**　于翌年交替棉花、豆科作物（花生、大豆等）茬口。利用豆科作物根系固氮的特性，在花生茬口种植棉花，较纯作棉花可降低氮肥施用量20%，棉花不减产。同时，在

图5-15　棉花大豆间作

棉花茬口种植花生或大豆，可避免传统花生、大豆等单作引起的连作障碍，有效减轻青枯病、叶斑病、根结线虫以及蛴螬等病虫害的危害，农药施用量减少10%～20%（图5-15）。

（本章撰稿：代建龙、崔正鹏、耿军、李维江、张艳军、迟宝杰、
聂军军、董合忠、张冬梅、战丽杰）

图书在版编目（CIP）数据

棉花集中成熟轻简栽培100题 / 陈常兵等编著. —
北京：中国农业出版社，2022.9
ISBN 978-7-109-29827-9

Ⅰ.①棉… Ⅱ.①陈… Ⅲ.①棉花-栽培技术 Ⅳ.
①S562

中国版本图书馆CIP数据核字(2022)第146845号

中国农业出版社出版

地址：北京市朝阳区麦子店街18号楼
邮编：100125
责任编辑：魏兆猛
版式设计：李 文 责任校对：吴丽婷 责任印制：王 宏
印刷：北京通州皇家印刷厂
版次：2022年9月第1版
印次：2022年9月北京第1次印刷
发行：新华书店北京发行所
开本：880mm×1230mm 1/32
印张：4.75
字数：140千字
定价：38.00元
